大学生网络素养培育研究

DAXUESHENG WANGLUO SUYANG
PEIYU YANJIU

徐晶 —— 著

辽宁人民出版社

图书在版编目（ＣＩＰ）数据

大学生网络素养培育研究 / 徐晶著 . —沈阳：辽宁
人民出版社，2024.3
　　ISBN 978-7-205-11076-5

　　Ⅰ. ①大… Ⅱ. ①徐… Ⅲ. ①大学生 – 计算机网络 –
素质教育 – 研究 Ⅳ. ① TP393

中国国家版本馆 CIP 数据核字（2024）第 064008 号

出版发行：辽宁人民出版社
　　　　　地址：沈阳市和平区十一纬路 25 号　邮编：110003
　　　　　电话：024-23284325（邮　购）　024-23284300（发行部）
　　　　　http://www.lnpph.com.cn
印　　　刷：沈阳丰泽彩色包装印刷有限公司
幅面尺寸：170mm×240mm
印　　张：12
字　　数：160 千字
出版时间：2024 年 3 月第 1 版
印刷时间：2024 年 3 月第 1 次印刷
责任编辑：董　喃
装帧设计：留白文化
责任校对：吴艳杰
书　　号：ISBN 978-7-205-11076-5

定　　价：68.00 元

前　言

　　大学生群体是用网的主力军，其网络素养水平决定着我国网络文明的高度，影响着我国网络发展的深度。近年来，随着互联网的普及和发展，大学生使用网络的频率越来越高，越来越多的大学生将网络作为获取信息和交流的主要渠道。因此，大学生群体的网络素养水平越来越受到重视。然而，大学生阅历尚浅，思想与行为还未完全成熟，网络沉迷、网络谣言等网络失范现象在大学生群体中时有发生。这些问题不仅会影响大学生的学习和生活，也会对社会产生负面影响。因此，提升大学生网络素养是当前高校思想政治教育亟待解答的时代课题。

　　在新时代背景下，着眼加强大学生网络素养培育的力度、提升大学生网络素养，既是网络思想政治教育和素质教育发展的必然要求，也是激励大学生将个人理想与中华民族伟大复兴相结合、助力乡村振兴、践行社会主义核心价值观的必然要求。因此，高校应该加强网络素养教育，引导大学生正确使用网络，增强网络安全意识和信息素养，构建高校网络素养教育体系。同时，大学生网络素养培育需要整合各方资源，制定科学的网络素养培育方案，明确大学生网络素养培育的目标和原则，强化社会网络素养培育保障职能，增强家庭教育的辅助作用，助力乡村振兴提升人才网络素养，也要发挥大学生自身的主观能动性，提出全方位的网络素养培育对策。对新时代大学生网络素养培育开展研究，不仅具有理论意义，而且具有较强的实践价值。通过对大学生网络素养的研究，可以为高校提供科学依据，制定更加符合大学生需求的网络素养培育方案，丰富人才培养内容。同时，对于社会而言，通过提升大学生的网络素养，可以增强社会的网络文明程度，提高全社会精神文明水平，为中国式现代化发展贡献力量。

本研究是基于 2021 年辽宁省社会科学规划基金项目"乡村振兴背景下辽宁人才培养策略研究"（编号 L21BGL041）的基础上完成的一部专门关于大学生人才培育研究的专著。

目　录

第一章

大学生网络素养的相关概述

第一节　大学生网络素养的相关概念

一、素养

素养一词，最早由我国著名历史学家班固在其著作《汉书·李寻传》中提出，意指通过后天的实践和努力所获得的能力。这个词用来描述一个人在知识文化、品德修养以及待人处事的行为能力等方面的综合素质。在汉英大词典中，素养使用accomplishment一词来表示。素养并非先天具备，而是通过有目的性的教育学习和自身努力培养而成。它强调的是一个过程性和长期性的积累过程。也就是说，素养是通过我们不断学习、实践和反思，逐渐形成和提高的。同样，素养一词在《现代汉语大词典》中也被定义为平日的素质和涵养。它并非与生俱来，而是需要通过后天的学习和锻炼来不断提升。随着我国社会的进步，素养的内涵和外延也在不断地丰富和完善。素养的内涵，涵盖了个人在社会生活中的稳定形象、知识水平、情商能力、道德品质、行为举止等多方面的综合修养。这些要素相互交织，共同塑造了一个人在社会中的个人品牌和形象。素养不仅关乎个人的内在品质，也体现在个人的外在行为上。而在素养的外延方面，已经扩展至思想政治素养、业务素养、身心素养、道德素养、法治素养、政治素养、文化素养、军事素养等。这些素养体现在个人的工作、生活、学习等各个方面，是衡量一个人综合素质的重要标准。

素养的第二种解释是教养和素质。教养，指的是一个人的道德修养，是自律和他律教化的综合表现。素质则是指通过社会环境和教育的影响，形成的相对稳定的修养。这种修养体现在德、智、体等多个方面。更进一步来看，素养还可以理解为长期保持的良好行为习惯。它强调的是时间的广延性，即通过长时间的坚持和积累，形成的一种稳定的行为模式。

随着时代的发展，素养的含义也在不断地扩充和丰富。目前，我们已经有了文化素养、道德素养、心理素养等多种分类。本书主要研究的是网络素养，这是指在网络环境中，个体所应具备的知识、技能、道德和行为等方面的素质。进入"互联网+"时代，网络素养成为人们素养的重要组成部分。网络素养不仅影响人们对网络生活的适应，更关系到人们在网络环境下的个人发展和人际交往。掌握网络技能、具备网络安全意识、善于利用网络资源、践行网络道德等，都成为现代人必备的网络素养。

总的来说，素养是一个人综合能力的体现，它不仅包括知识文化、品德修养，还包括待人处事的行为能力。素养不是先天具备，而是通过后天的有目的性的教育学习和自身努力培养而成。它强调的是一个长期和持续的过程，是通过时间的积累和实践的磨砺而形成的一种稳定的人格特质和行为习惯。在网络时代，网络素养更是一个人应对网络环境、保持良好网络行为的关键。

二、网络素养

网络，这个充满无限可能的词汇，对于那些熟知赛博朋克、小众亚文化的网上冲浪者来说，早已不再陌生。网络的交互性特点使得传媒效果得以最大化，信息的传播不再是单向的，而是形成了双向甚至多向的互动。这种互动性为信息的传播带来了前所未有的效果，也使得网络成为一个极具吸引力的平台。互联网的分散性代表了知识信息传播的非主导性。在互联网世界里，信息的发布和接收主体不再局限于特定的机构或个人，任何人都可以成为信息的发布者和接收者。这种分散性不仅使得信息传播的速度得到了极大的提升，也使得信息的传播路径变得多元化，形成了所谓的信息碎片化。这种碎片化在一定程度上挑战了传统的信息传播模式，也赋予了互联网独特的魅力。

然而，网络场域中的随意性也带来了诸多问题。网络信息的真实性、准确性以及可信度等问题日益突出，对于网络素养的提升成了一个迫切的需求。如今，越来越多的人开始认识到网络素养的重要性，并致力于提高自身的网络素养。这一点在我国表现得尤为明显，随着互联网的普及，我国在网络素养教育方面的投入也在不断加大。

值得一提的是，互联网在我国的正式引入时间为1994年。由于出现时间相对较晚，国内外学者普遍认同网络素养被包含于媒介素养中。这意味着，网络素养的提升不仅关乎个人的成长，也关系到整个社会的健康发展。在我国，政府、学校、企业和社会各界都在积极推动网络素养教育，以期在享受网络带来的便利的同时，也能够有效应对网络带来的挑战。

随着互联网的普及和新媒体技术的飞速发展，网络素养已经成为新时代人们必备的传播能力与素养。网络素养在继承和发展媒介素养基本内涵的同时，对新型的传播模式提出了全新的要求。最早提出网络素养一词的学者为美国的麦克库劳先生，他将网络素养的基本要素分为知识和技能。自此，网络素养开始逐渐受到学界和业界的高度重视。学界普遍认为，网络素养的基本组成部分包括信息的筛选能力、判断能力、有效整合能力、广泛传播能力和创新创造能力。这些能力是网络时代个体应对复杂信息环境、实现自我价值、参与社会交往的基石。

网络素养的基本特征包括普遍性、实践性、民族性和发展性。普遍性是指网络时代个体发展所应掌握的基本素养，涵盖了信息获取、处理、传播等各个方面。实践性则强调在网络交往过程中，个体需要运用网络素养作为适应数字化生存和发展的必要手段。民族性是指网络素养在不同的环境中具有极强的适应性，与本土的习惯、价值观和文化特征相互融合。这使得网络素养在我国呈现出独特的特色，为人们提供了更加丰富、多样的信息资源和交流方式。发展性是指随着互联网和科技水平日新月异地发展，网络素养要求也在不断升级。这要求我们紧跟时代步伐，不断提升自身的网络素养，以适应新媒体时代的发展需要。

总之，网络素养是新时代人们必备的传播能力与素养。它不仅包含了媒介素养的基本内涵，还对新型传播模式提出了最新要求。我们应该关注网络素养的全面发展，培养自身的信息筛选、判断、整合、传播和创新创造能力，以适应互联网时代的发展趋势。同时，我们还应关注网络素养的本土化，使之与我国的文化、价值观和习惯相互融合。在实践过程中，不断提升网络素养，为构建更加和谐、健康的网络空间贡献力量。

三、大学生网络素养

2018年，教育部印发了《高校思想政治工作质量提升工程实施纲要》，明确提出要以提高学生和教师的网络素质为核心，制定《高校师生网络素养指南》，以促进互联网的清洁发展为目标。2020年，中共中央发布的《法治社会建设实施纲要（2020—2025年）》提出，要提高全社会对互联网的法律法规和素质的认识，以应对可能发生的各种危险。同时也要注意互联网用户的使用和发展，并根据新形势制订了一套关于网络素质的教学指导方针，这说明了国家各部门对网络素质的高度重视。

"十四五"规划，对我国的高等教育进行了全面的阐述，指出要在2035年前，把我国的高等教育发展到一个大众化的程度，到那时，人们的思想道德水平会有一个显著的提升，全国人民的素质要再上一个台阶。

一个具有前瞻性的国家，始终将注意力集中在年轻人身上。一个具有远大理想的党派，始终将年轻人视为推进历史进程与社会进步的一股不可忽视的力量。"00后"的上网时间要比以前的学生多得多。他们是在网上参加活动的主要成员，他们的网络素养是一种必须掌握的综合性的技能和能力，是要以一个社会公民的身份参加网上的活动，从而达到知网、识网、用网、融网四个主要目的，也是以一种学术姿态来帮助社区在网络空间中进行管理。通过对大学生进行网络素质教育，增强了大学生的网络主体地位，形成了一个良好的社会环境。在这一过程中，大学生的网络素养培育显得尤为关键。

教育以调节人的发展为中心，对培养"怎样的人"进行了研究。在数字化的网络环境中，让个人能够对网上的教学活动进行适应与融合，从而达到一个人的全面发展，这就是网络素养培育的基本内容，把握教学规律的内在联系与发展的必然性，这就要求每个人都要共同努力。提高学生的网络素质，并不只是信息筛选、信息判断、信息整合；同时，也要学会如何防范互联网上的风险。从当代互联网时代的大学生对自己的发展要求、学校所要贯彻的育人目的和社会主义建设的要求来看，增强网络素养是一个迫切需要解决的问题。研究发现，互联网素养的水平与学生的学习能力之间存在着显著的正向关系，也就是说，善于利用互联网资源的青少年在学习上表现得比较突出。随着高校学生的网络素养得到提高，其面临网络风险的概率也随之下降，即使处于劣势，也能利用所学知识轻而易举地解决问题。

随着互联网的普及和技术的不断创新，网络已经深入到我们生活的方方面面。在这个过程中，大学生作为国家和民族的未来，他们的网络素养水平直接影响着我国网络发展的方向和质量。因此，研究大学生的网络素养具有重要意义。首先，我们要明确大学生网络素养的定义。它是在社会主义核心价值观的引领下，以及在高校教育教学的管理下，大学生为适应社会发展以及满足个人学习与生活需要，在现实或网络中形成的同网络应用相关的知识、观念与能力，是一种综合性素养。

大学生网络素养具有三个主要特点：差异性、实践性和发展性。首先，差异性体现在由于个人的成长环境、教育环境不同以及性格不同，大学生面对网络的态度与行为必然也有所不同，因此他们的网络素养水平高低不一、参差不齐。其次，大学生网络素养的实践性表现在"时时用网，处处用网"是当代大学生普遍的生活样态。良好的网络素养能够有效促进大学生网络交往，规范大学生网络行为，并有助于优化网络环境、推动社会发展。最后，大学生网络素养的发展性意味着它不是一成不变的，而是随着社会的发展和个人的成长不断变化。这就需要我们持续关注和研究大学生网络素养的发展趋势，以便为提高他们的网络素养水平提供有效的指导和帮助。

总之，大学生网络素养的研究是一项重要任务。我们要深入研究大学生网络素养的内涵、特点和发展趋势，为提高大学生网络素养水平、促进我国网络健康发展贡献力量。同时，大学生自身也要不断提高网络素养，为实现网络强国梦贡献自己的一份力量。

四、网络素养培育

随着互联网的普及和技术的不断创新，"互联网+"时代已经来临。这个时代对人们的网络素养水平提出了更高的要求。网络素养不仅仅是对网络基础认知和操作能力的体现，更是对伦理道德、法治安全、主权意识、创新发展等全方位素质的考验。在过去，网络素养的培育主要集中在基础的认知和操作层面，强调的是"技术维度"。然而，随着时代的进步，网络素养的培育已经发生了深刻的转变，从"技术维度"向"伦理维度"过渡。这意味着，我们不仅要掌握网络技术，更要理解和践行网络伦理，将伦理观念融入网络行为中。在新时代背景下，网络素养培育的目标是培养讲政治、讲道德、有文化、懂法治、会创造的合格网民。这不仅要求我们具备一定的网络技术素养，更重要的是要具备正确的权利意识、伦理观念。这样的培育目标是教育主体积极践行社会主义核心价值观的教育实践活动。网络素养培育的过程，就是引导教育客体正确认知网络，科学辨别网络信息，自觉遵守道德法纪，积极传播网络正能量的过程。这不仅是教育主体对网络素养的培育，更是对教育客体全面素质的提升，是对社会主义核心价值观的践行。

总的来说，网络素养的培育是一项系统的、长期的、全方位的工作，它旨在提升公民的网络素养水平，培养合格的网络公民，推动网络社会的健康发展。这也是我国在新时代背景下，积极践行社会主义核心价值观，推动社会主义精神文明建设的重要举措。

第二节　大学生网络素养的构成

一、当代大学生网络素养要素的构成依据

（一）以党和国家的相关要求为依据

在当代社会，大学生的个人发展与党和国家事业的发展紧密相连。随着互联网的普及和信息技术的飞速发展，培育大学生网络素养已成为推动我国网信事业发展的重要任务。自党的十八大以来，习近平总书记为我国网信事业的发展制定了蓝图，并发表了一系列重要讲话。虽然这些讲话并未直接谈及网络素养问题，但通过深入研究，我们可以从中推断出大学生网络素养的要素。

首先，面对网络安全问题，习近平总书记强调提升全民网络安全意识和技能。这对于大学生来说，意味着他们应当具备识别和防范网络风险的能力，以确保个人信息安全。其次，面对网络违法现象，习近平总书记强调遵守法律。大学生作为网络使用者，应当遵守法律法规，维护网络秩序。此外，面对意识形态斗争和网络霸权问题，习近平总书记主张维护网

络空间主权，促进文明互鉴，构建网络空间命运共同体。这意味着大学生应具备正确的价值观，尊重不同文化，积极参与国际交流，共同构建和谐的网络空间。虽然我国目前暂未有直接以网络素养一词命名的文件纲要，但网络素养一词在各种文件中频繁出现。如《关于促进移动互联网健康有序发展的意见》和《法治社会建设实施纲要（2020—2025年）》等，这些文件从侧面指明了大学生网络素养应包含的要素。在此基础上，党和国家高度重视网络法治建设，网络法治意识已成为新时代网民必须具备的网络素养。大学生作为网络应用的主力军，更应树立网络法治意识，自觉遵守法律法规，维护网络空间秩序。

随着互联网的普及和发展，网络已经成为人们日常生活中不可或缺的一部分。然而，网络环境的复杂性和虚拟性也使得网络素养的教育和培养显得尤为重要。《新时代公民道德建设实施纲要》对此强调了推进网民网络素养教育的重要性，并提出要求：网民应具备网络素养、网络法治素养和网络自我管理能力。

2021年发布的《关于加强网络文明建设的意见》进一步着重提升了青少年网络素养和防范网络风险的重要性。这是因为，青少年是网络环境的主要参与者，他们的网络素养直接影响到网络环境的健康和文明。因此，加强对青少年的网络素养教育，既是提升全民网络素养的关键，也是构建网络文明的基础。共建网络文明是我国互联网发展的主要方向，这也是党和国家高度重视网民的道德、法治、安全等价值规范问题的原因。网民的道德、法治、安全等价值规范是网络文明建设的重要组成部分，也是构建和谐网络环境的关键。为此，习近平总书记的相关讲话和中央发布的相关文件为分析当代大学生网络素养构成要素提供了时代指针。在当前的网络环境下，大学生作为网络使用的主力军，他们的网络素养直接影响到我国网络文明的建设。因此，我们需要根据习近平总书记的讲话和中央文件的精神，加强对大学生的网络素养教育，培养他们的网络素养、网络法治素养和网络自我管理能力。

　　总的来说，我国高度重视网民网络素养的培养，尤其是对青少年的网络素养教育。通过加强网络素养教育，我们可以提升全民的网络素养、网络法治素养和网络自我管理能力，从而共建和谐、文明的网络环境。这对于我国互联网的发展，以及全民道德素质的提升都具有重要的意义。

（二）以学界现有研究成果为依据

　　网络素养构成要素的研究一直是我国教育界关注的焦点。早在上世纪末，美国学者麦克库劳首次提出网络素养由知识与技能两个维度构成，这一观点为后续研究奠定了基础。我国学者在此基础上，不断深化和拓展网络素养的内涵，以适应我国互联网发展的需要。在我国互联网发展的初期，网络主要表现为多个静态网页的集合，学者们因此主要关注网络使用者的知识了解程度和基本能力。然而，随着互联网技术的快速发展，网络素养的构成要素也开始呈现出更加丰富的面貌。2006年，贝静红首次将大学生网络素养列入网络素养要素体系，这一创新性的研究为后续研究提供了新的视角。网络素养的提出，意味着网络素养不再仅仅局限于技术层面，而是开始涵盖伦理、道德等更深层次的内涵。2009年，移动互联网的诞生标志着我国网络发展进入新阶段。在这一阶段，网络的交互功能得到了极大的增强，学者们因此开始关注大学生在网络社交中的道德伦理问题和法律规范问题。这表明，我国对大学生网络素养的要求不再仅仅局限于技术层面，而是开始向道德、法律等全方位拓展。

　　进入4G移动网络时代，大学生的网络自我管理能力逐渐成为研究关注的焦点。这一变化反映出，我国对大学生网络素养的期望已经从单纯的技术能力，转向了包括自我管理在内的全面素养。2021年，重庆大学发布的《重庆大学师生网络素养指南（试行）》首次将网络政治素养纳入大学生网络素养要素体系。这一举措意味着，面对西方意识形态的渗透，我国需要关注和提升大学生的网络政治素养，以维护我国网络空间的安全和稳定。综上所述，我国大学生网络素养的构成要素经历了从知识与技能，到道德、法律，再到自我管理和政治素养的不断拓展和深化。这反映出，我国对大学生网络素养的要求正在不断提高，同时也显示出我国在网络素养研究领域的发展与进步。

随着信息技术的飞速发展，网络已经深刻地改变了我们的生活方式和思维方式。如今，网络已经成为生产和生活中不可或缺的一部分，不仅仅局限于娱乐和沟通，更是工作、学习、购物、医疗等多个领域的必备工具。然而，随着网络使用目的的多元化，网络空间中人们的思想和行为活动也变得越来越复杂。在这样一个背景下，大学生的网络素养问题越发引起人们的关注。究竟什么是大学生网络素养，构成要素有哪些，如何提高大学生的网络素养，这些问题成为教育界和学术界热议的焦点。在这个过程中，学者们从不同的角度对大学生网络素养进行了探讨，提出了各自的观点，为我们深入研究这一问题提供了重要的参考。

根据网络素养构成要素的部分代表观点，可以看出学者们对网络素养的构成要素有不同的观点。卜卫（2002）提出了六个网络素养构成要素，包括信息辨别和批判能力、负面信息免疫能力、网络自我发展能力、管理计算机和网络的能力、创造与传播信息的能力以及保护自己安全的能力。贝静红（2006）认为网络素养包括网络媒介认知、网络道德素养、网络安全素养、网络信息批判意识、网络接触行为需求与自我管理能力以及网络发展能力。蒋宏大（2007）提出网络素养由网络媒介认知、网络媒介甄别、网络道德意识、网络安全素养、网络自我管理以及网络发展创新构成。张鹏（2007）认为网络素养包括网络道德意识、网络安全素养、网络认知能力和自我控制能力。李勇强（2012）强调网络法制素养是网络素养的重要构成要素。焦晓云（2015）认为网络素养包括网络操作能力、信息获取和鉴别能力、网络自我管理能力、网络自我发展能力、网络安全以及网络伦理道德。叶定剑（2017）提出网络安全意识、网络技术、守法自律习惯、网络道德情操以及参与网络建设能力是网络素养的组成要素。胡余波、潘中祥（2017）认为网络素养由网络安全与道德、网络行为管理、网络认知与评价以及网络批判构成。范俊强（2018）强调网络意识和网络自我发展是网络素养的关键要素。李梦莹（2019）认为网络基本知识、网络使用的基本技能、网络道德意识、网络法律意识和网络安全意识是网络素养的构成要素。王伟军、王玮、郝新秀等（2020）提出网络知识、辩证思维、自我管理、自我发展以及社会交互是构成网络素养的重要因素。综上所述，各位学者对网络素养的构成要素有不同的观点，但可以看出这些观点都强调了网络安全、道德意识、自我管理和自我发展等方面的重要性。

首先，有学者认为，大学生网络素养应当包括信息获取、分析、传播、应用等方面的能力。这意味着，大学生不仅需要具备快速获取和筛选网络信息的能力，还要能够理性分析、辨别真伪，并在充分理解的基础上进行有效传播和应用。此外，还有学者强调网络素养和法制观念在大学生网络素养中的重要性。他们认为，大学生在网络空间中应当遵守法律法规，尊重他人权益，维护网络秩序，树立正确的价值观。

另一方面，一些学者从心理健康的角度提出了大学生网络素养的构成要素。他们主张，大学生网络素养应包括网络心理适应、情感调适、人际关系处理等方面。这意味着，大学生需要具备良好的心理素质，能够在网络环境中保持心理健康，有效应对网络成瘾等心理问题，同时擅长运用网络开展人际交往，建立和谐的人际关系。

然而，尽管学者们在大学生网络素养问题上提出了许多有价值的观点，但目前尚未达成一致。这既说明了大学生网络素养研究的复杂性，也表明了这一领域仍有很大的探讨空间。未来，我们需要在综合借鉴现有研究成果的基础上，继续深入研究大学生网络素养的内涵和构成要素，探索更加有效的培养策略，以期助力我国大学生在网络时代更好地成长与发展。

总之，随着信息技术的不断发展，网络已经成为我们生产生活的重要场域。在这个过程中，大学生的网络素养问题越发凸显，如何提高网络素养成为亟待解决的现实课题。学者们从不同角度对大学生网络素养进行了探讨，虽然尚未达成一致，但他们的观点为我们进一步研究提供了重要的参考。在此基础上，我们有理由相信，在不久的将来，大学生网络素养必将得到全面提高，更好地应对网络时代的挑战。

二、大学生网络素养的构成要素

随着网络技术的高速发展，大学生网络素养的提升成为教育界和全社会关注的焦点。大学生网络素养的构成要素主要包括知识、价值和能力三个层面。知识层面主要包括网络技术的基本认知。这是网络素养的基础，对于大学生而言，了解网络技术的基本原理和运行机制，掌握网络工具的使用方法，是保障网络生活的基本前提。价值层面主要包括网络参与的价值规范。这是网络素养的核心，大学生应具备正确的网络价值观，明确网络行为的道德和法律边界，自觉遵循网络公德，传播正能量。能力层面主要包括网络应用的核心能力。这是网络素养的实践体现，涉及信息检索、数据分析、网络沟通等多方面技能，助力大学生在网络环境中实现自我提升和创新发展。

这些要素相互影响、相互促进。知识层面是基础，价值层面是导向，能力层面是目标。三者共同构成了大学生网络素养的完整体系，缺一不可。在此基础上，大学生的网络素养应遵循党和国家相关要求，积极借鉴学界现有研究成果，形成具有中国特色的网络素养教育体系。

（一）网络技术的基本认知

网络技术作为科技革命的重要成果，具有显著的工具性特征。它不仅可以改变传统的生产方式，提高生产效率，降低成本，而且还可以丰富人们的生活方式，提高生活质量。从购物、出行、教育、医疗到娱乐等方面，网络技术都发挥着重要作用，成为现代社会不可或缺的一部分。在使用网络技术之前，我们需要像使用其他工具一样，阅读"说明书"，了解其主要功能和用法。这是提升网络素养、充分发挥网络技术优势的基础。网络素养不仅包括熟练操作网络工具，更涉及正确、科学、全面地认知网络技术，从而遵循网络素养规范，有效防范网络风险。正确、科学、全面地认知网络技术，是强化网络参与的价值规范、提升网络应用的核心能力的前提。只有深入了解网络技术的发展历程、技术原理、应用领域和潜在影响，我们才能在网络世界中做出明智的决策，发挥网络技术的积极作用。对于大学生这一特殊群体而言，对网络技术的基本认知包含一系列具体内容。首先，要认识到网络技术的重要性，主动学习网络知识和技能，将其应用于学术研究、创新创业和职业发展等方面。其次，要关注网络伦理和网络安全，遵守网络法律法规，维护个人和国家的利益。最后，要关注网络技术的最新发展，紧跟时代潮流，为未来的发展做好准备。

1.网络基础知识

自2000年起，我国教育部门就在全国范围内的中小学阶段开设了信息技术课程，旨在让高中生对网络基本知识有所了解。这一举措标志着我国对网络教育的重视，也反映出网络知识在现代社会中的重要性。在高等教育阶段，多数高校为非计算机专业的学生开设了大学计算机公共基础课程。这一课程设置进一步强调了网络知识是大学生成长的"必修课"。通过学习这门课程，大学生可以对计算机和网络技术有更深入的了解，从而更好地适应信息时代的发展。大学生计算机基础课程的学习要求包括对网络基本概念、构造和工作原理的了解。这是为了让大学生建立起扎实的计算机网络知识体系，为今后的学习和工作奠定基础。网络技术日新月异，了解其基本原理有助于大学生更好地把握技术发展趋势，将所学知识应用于实际生活和工作中。在掌握网络基本知识的基础上，大学生应关注网络技术的发展趋势，了解其在各个领域的应用前景。这将有助于他们形成对"网络是什么""网络从哪里来""网络未来将走向哪里"的基本认识。这样的认识不仅有助于大学生更好地适应网络时代，还可以激发他们对网络技术的兴趣，培养创新精神和实践能力。

2.网络本质认知

随着我国网信事业的飞速发展，当代大学生越来越多地参与到网络生活中。这一代大学生，以"95后"和"00后"为主，他们的成长历程与我国网信事业的蓬勃发展同步。网络生活已经成为他们日常生活中不可或缺的一部分，极大地丰富了他们的学习、交流和娱乐方式。然而，对于大学生而言，能否科学地、全面地认识网络的本质，将直接影响他们在网络世界中的行为和态度。马克思主义教导我们，认识事物的本质，需要从多个角度进行全面、深入的剖析。网络作为现代社会的重要特征，其重要性不容忽视。网络不仅改变了人们的生活方式，提高了信息传播的速度和效率，而且推动了人类社会的发展和进步。正因如此，大学生更需要深入理解网络的本质，从而客观地、理性地参与网络生活。然而，事物总是具有两面性，网络技术也不例外。马克思主义强调，认识网络的两面性是理解其本质的关键。一方面，网络技术为人们提供了便捷的信息获取和交流渠道，极大地促进了人类社会的进步；另一方面，网络空间的虚拟性、匿名性等特点也带来了一定的负面影响，如网络欺诈、虚假信息传播等。大学生在享受网络带来的便利的同时，必须在网络活动中趋利避害，正确认识网络是把双刃剑的本质。此外，网络与现实之间的关系也是大学生需要关注的重要问题。马克思主义认为，网络是现实社会发展到一定阶段的产物，它既反映了现实世界的种种现象，又与现实世界相互作用。因此，大学生应明确网络世界与现实世界的关系，既要关注网络空间的问题，又要将网络与现实相结合，以全面、客观的态度看待网络对社会的影响。

总之，网络技术作为科技革命的重要成果，具有强大的工具性。我们应当通过阅读"说明书"，提升网络素养，正确、科学、全面地认知网络技术，将其应用于生产、生活、学习等各个方面。特别是大学生，要全面了解网络技术的基本内容，为未来的发展奠定坚实基础。在这个过程中，我们不仅要发挥网络技术的积极作用，还要关注网络伦理和网络安全，共同构建和谐、健康的网络空间。

（二）网络参与的价值规范

网络参与的价值规范是我国网络文明程度的重要标志，同时也是当代大学生网络素养的核心要素。在当今信息时代，网络已经成为人们生活、学习、工作的重要平台，大学生的网络素养和价值观念也随之成为社会关注的焦点。良好的网络价值规范能够深化大学生对网络本质的理解，巩固其对网络技术的基本认知，并提供识别网络信息的参考标准，提高其网络应用的核心能力。网络并不仅仅是简单的信息传递工具，更是一种全新的生活和学习方式，良好的网络价值观念能够帮助大学生全面、深入地认识网络，从而更好地利用网络技术，提升自身素质。积极向上的网络情感、科学健康的网络价值观有助于大学生塑造良好的网络人格，成为"中国好网民"。在网络空间，人们的思想观念、情感态度和行为方式都受到价值观念的支配。积极向上的网络情感和科学健康的网络价值观可以使大学生在网络空间表现出文明、礼貌、负责任的行为，为构建和谐网络社会作出贡献。大学生参与网络的价值规范主要包括以下三个方面：

1.网络公民意识与全球意识

随着网络技术的飞速发展，全球间的联系日益紧密，世界多极化和经济全球化趋势不断深化。在这个大背景下，当代大学生面临着如何在网络交往中具备民族情怀和国际视野的挑战。

首先，民族情怀是我国大学生在网络空间中不可或缺的品质。在网络交往中，大学生应始终保持对祖国的热爱，维护国家的形象，为党和国家的发展贡献自己的力量。这包括在公共事务中以理性自觉的立场，积极参与，传播正能量，为国家的繁荣富强建言献策。其次，国际视野是大学生在网络时代必备的素质。网络已经成为全球共同的活动空间，大学生需要具备全球意识，秉持兼容并蓄、开放合作的态度，共同推动世界的繁荣与稳定。这要求他们在网络交往中，尊重各国的主权，欣赏各国文化的独特性，同时弘扬我国优秀文化，吸纳他国优秀文化。再次，网络空间治理关系到国际社会的共同利益，没有任何一个国家可以独善其身。大学生应以开放的心态，积极参与网络空间治理，推动构建网络空间命运共同体。这需要他们具备开阔的国际视野，开放的用网态度，共享网络发展成果，同时促进文明交流互鉴。

总之，当代大学生在我国网络技术快速发展的背景下，应当树立民族情怀，热爱祖国，积极参与公共事务，同时开阔国际视野，尊重他国主权，弘扬并吸纳各国文化，以构建网络空间命运共同体为己任，为全球网络空间的繁荣稳定做出贡献。这是我国大学生在面对全球化时代的网络挑战时，应具备的基本素质和格局。

2.网络素养与法治意识

在现代社会，道德与法律被视为维护社会秩序的两大基石。随着互联网的普及，网络社会秩序的形成与维护同样离不开广大网民的道德意识与法治意识。在这个意义上，大学生作为国家未来的栋梁，肩负着网络社会道德与法治建设的重任。"德"在个人与社会的发展中起着举足轻重的作用。古人云："立德树人。"对于大学生而言，立什么样的德，如何在网络社会中树立道德意识，这些都是值得深思的问题。首先，大学生应具备网络公德心，尊重他人，不传播网络谣言，不进行网络暴力。其次，大学生应自觉担当网络责任，积极维护网络空间的和谐与清朗。在此基础上，规范网络言行，遵守网络文明规范，以现实社会的道德标准约束自我，不逾越道德底线，才能真正做到"立德树人"。全面依法治国是我国新时代的基本战略之一。依法治网、依法强网是全面依法治国的题中之义。在这个背景下，大学生更需要具备知法、懂法、守法的素养。这意味着，大学生应了解法律法规，严守法律底线，尊重他人合法权益。同时，学会用合法手段维护自身权益，不挑战法律红线。只有这样，才能在网络社会中做到"法安天下"。

总之，大学生作为网络社会的一分子，既要树立网络素养意识，又要具备网络法治意识。在道德与法治的双重约束下，大学生应以更高的标准要求自己，为实现网络社会的和谐与清朗贡献力量。同时，通过自身的行动，传播正能量，影响和带动更多的人，共同营造一个健康、文明、和谐的网络空间。这既是大学生的担当与责任，也是我国网络社会发展的必然要求。

3.网络安全意识

随着科技的飞速发展，我们步入了万物互联的时代。这个时代无疑为我们带来了前所未有的便利，但同时也伴随着诸多安全风险。对于我国而言，在面临传统国家安全问题的同时，非传统国家安全问题亦日益突出，其中网络安全问题尤为重要。据相关数据显示，截至2021年12月，我国近40%的网民曾遭遇过网络安全问题，个人信息泄露等现象严重。这不仅对个人权益造成损害，同时也对国家网络安全构成威胁。因此，构建安全、稳定的网络环境已经成为我国社会发展的重要任务。在这一过程中，广大大学生网民肩负着重要责任。他们应积极参与网络安全建设，树立安全意识和筑牢安全防线。首先，大学生应在网络中增强防范意识，保护个人信息。这包括不随意泄露个人身份、地址、电话等敏感信息，避免成为网络犯罪的受害者。同时，要谨慎对待不明来源的链接和附件，防止恶意软件侵入个人设备。其次，大学生应在网络中发挥正能量，自觉维护国家网络信息安全。这体现在不传播、不参与制造网络谣言，坚决抵制不良信息，积极参与网络治理，为网络空间的健康发展贡献力量。此外，大学生还应学会运用专业知识为国家网络安全贡献力量，例如计算机专业的学生可以参与到网络安全研发工作中，为筑牢国家网络防线提供技术支持。

总之，在万物互联时代，大学生网民应充分认识网络安全的重要性，增强防范意识，保护个人信息，自觉维护国家网络信息安全。只有这样，我们才能共同构建起一个安全、稳定的网络环境，为国家的繁荣发展贡献力量。同时，广大大学生也要发挥示范作用，引导更多网民关注网络安全，共同维护网络空间的和谐与安宁。

（三）网络应用的核心能力

随着互联网的普及和技术的不断创新，网络已成为当代大学生生活中不可或缺的一部分。网络不仅为他们提供了丰富的信息资源，也为他们搭建了交流、学习和娱乐的平台。在这个背景下，大学生的网络素养显得尤为重要。网络素养的核心能力在于大学生如何运用网络拓展个人视野、解决实际问题和开展实践活动。

1.网络信息搜索与筛选能力

良好的网络信息搜索和筛选能力对大学生来说非常重要。了解常用的搜索引擎（如Google、百度等）的使用技巧，包括使用引号进行精确搜索、使用过滤器进行筛选、使用高级搜索语法等。学习如何使用关键词进行搜索，以获得更准确和相关的搜索结果。对于学术资料的搜索，可以使用专门的学术搜索引擎，如Google Scholar、Microsoft Academic、CNKI等，这些搜索引擎可以提供更专业和学术性的搜索结果。大学图书馆通常提供许多学术数据库和电子资源，如PubMed、IEEE Xplore、JSTOR等。学会使用这些资源，可以获得更多高质量的学术资料和研究报告。在学术论文或研究报告中，经常会引用其他相关的文献资料。通过查阅这些参考文献，可以进一步扩展和深入了解相关领域的研究。在使用网络搜索获得的信息时，需要注重信息的来源、作者的专业性和权威性等。尽量选择来自权威机构、学术期刊或由专家审稿的资料，以确保信息的可靠性和准确性。获取到相关信息后，需要进行有效的筛选和整理。可以使用书签或收藏夹来保存有用的网页链接，使用笔记或摘要来记录重要的观点和数据，以便后续的阅读和使用。网络信息是不断更新和变化的，大学生需要保持学习的状态，并持续关注最新的学术研究和领域动态，以保持信息搜索和筛选能力的有效性。通过不断练习和实践，大学生可以逐渐提高网络信息搜索和筛选能力，更好地获取所需的学术资料、研究报告和课程资料等相关信息。

2.网络信息处理能力

随着互联网的普及和信息技术的飞速发展，网络已成为大学生获取知识、交流思想、娱乐休闲的重要平台。然而，面对这个便捷而又复杂的网络世界，大学生们如何才能正确对待并充分发挥其优势呢？以下四个关键点或许可以为我们提供一些启示。

首先，大学生需要适应网络世界，掌握网络信息的处理方法。网络信息的海洋中，如何高效地获取有益信息成为一项必备技能。这就要求大学生们具备信息检索能力，能根据自身需求选择合适的检索工具，快速获取所需信息。只有这样，才能在繁杂的网络信息中游刃有余，不断提升自己的知识体系和综合素质。

其次，大学生应具备信息甄别能力。网络中的信息鱼龙混杂，既有有益的知识，也有虚假和不良信息。在面对这些信息时，大学生们必须保持清醒的头脑，学会甄别信息的真实性、可靠性和准确性，以免被误导，甚至受到侵害。同时，还要学会拒绝沉迷于网络游戏、过度追剧等不良网络行为，注重培养自己的兴趣爱好和身心健康。

再者，大学生应具备信息传播能力。在网络世界中，大学生不仅是信息的接收者，更是信息的传播者。因此，他们应该主动传播正能量，积极参与社会实践，勇于表达自己的观点和看法。在传播信息的过程中，要遵循法律法规，尊重事实真相，抵制虚假、低俗、暴力等不良信息，为构建健康向上的网络空间贡献力量。

最后，大学生还需注意网络素养修养。在网络世界中，言论自由的前提下，要尊重他人，文明上网，不传播谣言，不进行人身攻击。通过网络，学会与他人沟通、交流，积极参与社会热点讨论，提升自己的思辨能力和公民素养。

3.网络自我管理与自我发展能力

随着互联网技术的飞速发展，网络已经深入到我们生活的方方面面。对于大学生来说，网络不仅是获取知识、交流思想的重要途径，也是娱乐休闲的主要平台。然而，网络的双刃剑效应也日益显现出来。如何正确使用网络，使其为个人发展服务，成为每一个大学生都需要面对的问题。

首先，我们要明确一点，网络应该是作为工具为大学生的自身发展服务，而非反过来支配人。在现今社会，信息爆炸，如果大学生不能有效地管理自己的网络行为，很容易陷入网络的泥淖中，无法自拔。因此，大学生需要具备网络自我管理能力，避免过度依赖网络，成为网络的主人。

其次，大学生应善于利用网络资源，发挥网络平台的积极作用，以促进自身的学习和发展。网络中有丰富的学习资源，如各类学术数据库、在线课程等，这些都是大学生提升自我、拓宽视野的宝贵资源。同时，大学生还应掌握网络搜索技巧，提高信息获取和处理能力。

然而，丰富的网络世界容易让大学生沉迷，因此，增强自律意识和网络管理能力显得尤为重要。大学生应养成良好的网络习惯，如定时上网、限制上网时间，避免沉迷于网络游戏、社交媒体等。此外，还应学会辨别网络信息的真伪，避免被虚假信息所误导。

最后，大学生应积极掌握日常生活及本学科领域内常用网络平台或软件的使用方法，以提升自我。这不仅可以提高生活和学习效率，也可以使大学生更好地适应社会发展的需求。例如，掌握在线办公工具、编程语言、设计软件等，这些都是在现代社会中必备的技能。

总之，网络作为现代社会的重要组成部分，大学生应当善加利用，使其为自身发展服务。大学生应具备网络自我管理能力，善于利用网络资源，增强自律意识和网络管理能力，并积极掌握常用网络平台或软件的使用方法。只有这样，大学生才能在网络的世界中游刃有余，实现自我价值，迎接未来的挑战。

4.数字素养与信息安全意识

对于大学生来说，良好的数字素养和信息安全意识是非常重要的。了解个人隐私的重要性，学习如何保护个人信息，包括密码安全、账号安全、隐私设置等。了解数据安全的基本原理，学习如何备份、加密和保护个人数据。创建强密码，包括字母、数字和特殊字符的组合，并定期更换密码。启用多因素身份验证，提高账号的安全性。学习如何识别网络诈骗和欺诈行为。不轻易相信来自陌生人的信息，不随意点击不明链接、下载不明附件，不泄露个人敏感信息。在社交媒体上谨慎分享个人信息，注意隐私设置，避免暴露个人隐私。在网络社交中，要警惕虚假身份和骗局，谨慎交友和参与不明活动。了解网络安全的基本知识，学习防范网络威胁的基本措施，包括使用防病毒软件、定期更新操作系统和应用程序、不随意连接不受信任的网络等。在使用公共网络和无线网络时，需注意安全风险。避免在公共网络上进行敏感操作，不访问不安全的网站，使用加密连接（如VPN）保护数据传输。定期更新操作系统、应用程序和安全补丁，确保设备和软件的安全性。保持防病毒软件和防火墙的更新和开启。了解网络伦理和道德规范，尊重他人的隐私和知识产权，遵守网络使用规定和法律法规。通过学习和实践，大学生可以提高自己的数字素养和信息安全意识，正确使用网络应用，保护个人隐私和数据安全，避免落入网络诈骗和信息泄露的陷阱。

第三节　大学生网络素养的理论基础

一、马克思主义关于人的全面发展理论

在人类社会发展的历程中，马克思认为，人的自由全面发展是人类社会发展的最终目标。这一目标的出现并非一蹴而就，而是伴随着社会形态的演变，呈现出复杂且曲折的轨迹。在以人的依赖性为基础的社会中，自给自足的自然经济是主要生产生活方式。在这一时期，个体间因亲缘、地缘等因素而紧密结合，形成共同体。然而，在这一社会形态中，人们普遍需要依附于共同体以获取物质资料，导致个体失去了独立与自由，只能得到片面的发展。无论是原始社会、奴隶社会，还是封建社会，人们都在不同程度上受到这种依赖关系的制约。因此，要实现人的自由全面发展，就必须打破这种依赖关系的束缚。随着社会生产力的提高，自然经济逐渐解体，商品经济应运而生。社会形态也从以人的依赖性为基础转变为以物的依赖性为基础。在这一阶段，个体逐渐形成相对独立的人格，为人的自由全面发展创造了条件。

然而，在资本主义私有制下，人类劳动产生异化现象。劳动者无法实现个人价值，也无法得到自由全面的发展。为了解决这一问题，马克思提出，必须在社会生产力高度发达的共产主义社会中，实现每个人的自由发展。在共产主义社会中，每个人的自由发展是一切人的自由发展的条件。在这个社会中，社会分工将被消灭，剥削与压迫不复存在。人们将从人的依赖关系和物的依赖关系中脱离，实现个人的肉体和精神完全解放，得到充分发展。

人的自由全面发展是一个历史性的课题，也是一个与时俱进的问题。在新时代背景下，人的自由全面发展需要充分满足个体需要、发挥个体能

动性、实现个体素质与能力的多向拓展。这不仅是我国社会发展的核心目标，也是满足人们美好生活的需要的重要手段。我国当前社会发展的重要方向是满足人们美好生活的需要。这其中包括物质生活的丰富，也包括精神生活的丰富。而在现代社会，网络生活已成为美好生活的一部分。因此，我们需要关注个人在网络中所产生的网络素养问题。网络素养，简而言之，就是一个人在网络环境中的行为准则和能力表现。随着互联网技术的高度融合，网络已在学习生活和工作领域发挥关键作用，网络素养应成为每个人的必备素养。这是因为，网络不仅是获取信息的途径，也是交流思想、展示才华的平台。网络素养的高低，直接影响到个体的社会交往、知识获取和自我发展。在这个背景下，网络素养培育成为实现人的自由全面发展的重要内容之一。马克思关于人的全面发展的理论对本书研究具有重要的指导意义。马克思理论强调，人的全面发展应当包括个体需要的满足、个体能动性的发挥、个体素质与能力的多向拓展。这与我们前面的观点形成了呼应，也为我们提供了理论依据。

综上所述，网络素养培育是实现人的自由全面发展的重要内容之一。在新时代背景下，我们需要关注和提升个人的网络素养，以适应社会发展的需要，实现个人的全面自由发展。同时，我们也需要认识到，网络素养培育是一个系统性、全面性的工作，需要社会各界的共同努力。只有这样，我们才能真正实现人的自由全面发展，满足人们美好生活的需要。

二、习近平关于网络育人的论述

随着我国互联网产业的蓬勃发展，网络空间已经成为社会治理的重要领域。近年来，尤其是自党的十八大以来，习近平总书记高度重视网络空间治理问题，并对当前网络空间的发展态势进行了精准研判。在此基础上，习近平总书记提出了一系列具有科学性和时代性的重要论断，为我国网络空间的治理提供了明确的行动指南。习近平总书记明确指出，互联网是当前最具发展活力的领域。这一论断既彰显了互联网的积极作用，也揭示了我们在网络空间治理中面临的新挑战。随着互联网的普及和应用，人们的生活、工作、学习等方面都发生了深刻变革。然而，与此同时，网络空间的治理问题也日益凸显。虚假信息、网络攻击、谩骂等不良现象层出不穷，严重影响了网络空间的清朗，损害了社会和谐稳定。

在这样的背景下，习近平总书记高度重视网络空间的治理，强调治理网络空间的重要性。他认为，网络空间的治理不仅是国家社会治理的重要组成部分，也是维护国家安全、保障人民利益、推动社会进步的重要手段。为此，他提出了一系列具体的治理措施，包括加强网络信息内容管理、强化网络违法犯罪打击、提升网络安全防护能力等。在习近平总书记的指导下，我国网络空间治理取得了显著成效。网络环境的改善，不仅使广大网民的利益得到了更好保障，也为我国互联网产业的健康发展创造了有利条件。同时，习近平总书记的这些重要论断和举措，也为全球网络空间的治理提供了中国智慧和中国方案。

在21世纪的信息时代，虚拟与现实的关系越发紧密。现实社会是虚拟网络的产生基础，为虚拟世界提供了丰富的资源和土壤。而虚拟网络则成为现实社会的时空延伸，影响着人们的生活、工作和思维方式。在这个背景下，网络空间治理成为一项重要任务。问题的关键在于如何看待"现实的人"在网络空间治理中的地位和作用。

事实上，网络空间治理的根本在于提高个体网络素养。这不仅要求人们具备一定的网络技能，还要求他们在网络世界中遵守规则、践行道德，维护网络空间的清朗。从这个角度看，网络空间治理的核心在于"现实的人"。只有从"现实的人"出发，关注他们的需求和问题，才能真正提高网络素养，构建一个健康、有序的网络空间。

网络空间在提倡自由的同时，也不能忽视秩序的构建。自由与秩序是网络空间发展中永恒的主题。在网络世界里，人们可以自由地表达观点、交流信息、创新思维，但同时也需要保持一定的秩序，以确保网络空间的安全、稳定和健康发展。

为了在网络空间实现自由与秩序的平衡，我国积极推动依法治网，加强对网络空间的监管，严厉打击网络违法犯罪活动。同时，加强网络文明建设，倡导文明上网，培育"中国好网民"。这一系列举措有助于构建一个健康有序的网络生态，为网络空间的自由发展提供坚实保障。网络空间具有极强的包容性，它允许各种文化、观念和声音的存在，呈现出多元化的特征。然而，在这种多元背景下，网络空间也需要凝聚价值共识，高扬主旋律。这是因为，一个国家、一个民族需要核心价值来引领社会发展，确保国家和民族的长治久安。

在网络空间，我们要以一元价值导向引导多元价值取向，化"变量"为"增量"。这意味着在尊重差异的同时，强调核心价值观的引领作用，使网络空间成为一个充满正能量、积极向上的空间。这样，才能真正实现网络空间的清朗，让人们在多元化的网络环境中形成共同的价值观，为国家的发展贡献力量。

在我国，党的领导人习近平总书记深刻认识到网络空间治理的重要性，特别是大学生网络素养的培育。习近平总书记的重要论述为探究"为何培育大学生网络素养""如何改善大学生网络素养培育环境"等问题指明了方向。

总之，自党的十八大以来，习近平总书记高度重视网络空间治理问题，提出了一系列具有科学性和时代性的重要论断，为我国网络空间治理提供了行动指南。在习近平总书记的领导下，我国网络空间治理取得了显著成效，为实现网络空间的清朗、维护国家利益和社会稳定、推动互联网产业健康发展作出了重要贡献。展望未来，我们将继续遵循习近平总书记的指引，不断深化网络空间治理，共同构建一个健康、有序、安全的网络环境。

三、曼纽尔·卡斯特的网络社会理论

曼纽尔·卡斯特是一位西方著名的社会学家，他的网络社会理论在学术界和社会各界产生了深远的影响。卡斯特的网络社会理论，源于他对全球化和社会变革的深入研究，受到了马克思全球化思想以及西方后工业社会理论的启发。在卡斯特看来，当今社会正在经历一场由信息技术引发的革命，这场革命不仅改变了社会的物质基础，也重塑了生产关系。在这样的背景下，一个新的社会形态应运而生——网络社会。在这个社会形态中，信息传播的即时流动性打破了地域性的活动限制，使得人们可以在全球范围内进行广泛的交流。

网络社会的出现，不仅改变了人们的思维方式，也影响了人们的表达和交往方式。人们在这样的社会中，可以更快、更广泛地获取和分享信息，实现全球性的沟通。然而，网络社会的发展也带来了一系列的危机和挑战。首先，网络社会的兴起使得不同的文化共同体得以凝聚，赋予了社会成员信息权力。这种权力的下放，一方面促进了社会的多元化发展，另一方面也引发了国家权力的合法性危机。国家权力在网络社会的冲击下，面临着前所未有的挑战。其次，网络社会改变了暴力的形式，引发了网络暴力、网络犯罪等问题。这些新型暴力行为的出现，给社会稳定带来了严重的威胁，对法律制度和道德规范提出了新的要求。

卡斯特的网络社会理论是他对网络社会现象的一种解读，旨在解释网络社会产生的原因和其独特的历史、社会、文化特点。虽然该理论在一定程度上具有局限性，但它对于我们理解网络社会的本质和规律具有重要的参考价值。特别是在当前信息技术飞速发展、个体网络交往日益深化、网络空间结构日益复杂的背景下，卡斯特的网络社会理论为我们研究大学生网络素养培育问题提供了有益的借鉴。

首先，我们要认识到网络社会的形成并非偶然，而是历史发展的必

然。卡斯特的网络社会理论指出，网络社会的出现与信息技术的发展、人类社会结构的变迁以及个体需求的转变密切相关。这一理论有助于我们深入理解网络社会的形成过程，从而更好地把握网络社会的发展趋势。

其次，网络社会具有许多显著的特点。卡斯特的理论从社会结构、信息传播、个体行为等多个方面对这些特点进行了阐述。例如，网络社会的信息传播速度快、范围广，跨越时空限制；网络社会的成员关系松散，但互动频率高；网络社会中的信息真实性难以把握，谣言、虚假信息传播较为严重等。这些特点对于我们在现实生活中规范网络行为、提高网络素养具有重要的指导意义。

然而，卡斯特的网络社会理论也存在一定的局限性。这主要是因为网络社会是一个不断变化、发展的领域，任何理论都不能一概而论。此外，网络社会的形成和发展受到多种因素的影响，包括政治、经济、文化等，这些因素在不同国家和地区的表现形式和影响力也各不相同。因此，我们在借鉴卡斯特的理论时，应结合我国实际情况进行分析和探讨。

当前，我国信息技术发展迅速，网络空间日益复杂，个体网络交往不断加深。在这样的背景下，提高网民，尤其是大学生网民的网络素养水平显得尤为重要。为此，我们需要不断加强对网络社会的认识，把握网络社会的发展规律，关注网络素养教育的实际需求，创新网络素养教育方法，从而为培养具有高度网络素养的现代大学生贡献力量。

总之，卡斯特的网络社会理论虽然具有一定的局限性，但对于我们研究大学生网络素养培育问题具有重要的借鉴意义。在当前网络社会快速发展的背景下，我们要充分利用这一理论，加强对网络社会的认识，提高大学生的网络素养，为构建健康、和谐、有序的网络空间贡献力量。

第二章

大学生网络素养培育的主要内容与时代价值

第一节　大学生网络素养培育的主要内容

一、网络认知理解类内容

网络认知类教育内容在大学生网络素养培育中占据了首要地位，其主要目标是解决大学生对网络的认知问题。在当今社会，网络已经成为生活中不可或缺的一部分，对人们的思维方式、交流模式、信息获取途径等产生了深远影响。因此，大学生网络认知教育的核心任务是帮助学生全面理解网络的本质，认识到网络在社会发展中的重要作用，从而形成正确的网络素养。从思想政治教育的角度来看，网络认知教育需要引导学生站在更宏观的层面上理解网络对社会发展的影响。网络作为一种全新的信息传播载体，不仅改变了人们的生产方式、生活方式，还对政治、经济、文化等领域产生了深刻影响。正因如此，大学生需要认识到网络社会的特点和规律，学会在网络环境中进行有效沟通、合理表达，以维护国家利益、践行社会主义核心价值观。虽然网络给人类社会发展带来了全方位的影响，但我们必须明确，网络只是人类社会发展的重要工具。网络的工具属性决定了它在人类社会中的重要地位，但同时也意味着网络并非无所不能，不能替代现实生活中的一切。因此，大学生网络认知教育应从网络的工具视角出发，引导学生思考网络带来的颠覆性改变，反思网络产生的影响。教育的最终目的是转变大学生对网络的依赖情感，帮助他们建立起科学、理性的网络认知和网络自我角色定位。在网络环境下，大学生应具备独立思考、辨别真伪的能力，养成良好的网络行为习惯，充分发挥网络的正能量。同时，大学生还需要认识到网络的局限性，学会在现实生活中寻求平衡，以实现网络素养与个人全面发展相结合。

（一）科学认知网络的经济影响

网络对我国经济发展产生了深远的影响，不仅加速了经济发展的速度，而且逐渐成为国家运行的重要建构性力量。在过去的几十年里，我国网络经济的发展取得了举世瞩目的成就，它打破了对地理空间的限制，推动了全球经济一体化，使得国家间的经济贸易联系更加紧密。网络经济的发展带动了线上支付的崛起，我国部分发达地区已逐渐进入无纸币时代。线上支付平台的快捷和安全，使消费者热衷于电子商务消费方式。线上支付的壮大不仅改变了人们的消费习惯，也刺激了物流产业的发展。物流产业的发展带动了交通等基础设施的建设，基础设施的完善和优化进一步推动了城市政治、经济、文化的发展。这不仅提高了城市的整体竞争力，也缩小了城乡之间的差距，使得城乡发展更加均衡。此外，网络的不断升级和优化，也对我国经济的发展起到了推动作用。网络的普及和便利，使得企业可以更高效地进行生产经营，消费者可以更便捷地进行消费，从而推动了我国经济的快速发展。

总的来说，网络对我国经济发展产生了重大影响。它不仅改变了我国的经济结构，提升了我国在全球经济中的地位，也提高了人民的生活水平，促进了社会的进步。在未来，我国应继续深化网络经济的发展，以期实现更高质量的经济增长。

（二）深刻理解网络的政治影响

随着科技的飞速发展，网络已经深刻地改变了我们的生活方式，同时也给国家治理带来了全新的挑战和机遇。网络的广泛应用扩大了国界的概念，形成了一个全新的疆界，使得国家治理的范围从现实世界延伸到了网络虚拟世界。在网络空间，信息强国的崛起带来了一股新的力量。这些国家通过输出本国文化和价值观念，对信息弱国进行渗透和影响。同时，境外敌对势力也利用网络平台恶意制造事端，试图挑战和威胁我国的主流意识形态安全。这无疑对我国的国家治理提出了更高的要求，也使得网络治理成为国家安全的重要组成部分。另一方面，网络的发展也推动了政治民主化的进程。网络赋予了公众更多的获取和发布信息的权力，使得信息传播更加迅速和便捷，从而打破了传统的金字塔式权力结构，向分散型权力结构转变。这一变化无疑为公众参与政治提供了更大的空间，同时也对国家的政治稳定带来了挑战。然而，在国家推进民主政治的过程中，现存的价值观和制度受到了挑战，这无疑对国家政治和社会稳定带来了威胁。在这种情况下，我国需要以更加开放和包容的态度面对网络带来的挑战，积极应对网络空间的各种问题，维护国家的安全和稳定。

总的来说，网络的发展既为我国的国家治理带来了新的机遇，也带来了新的挑战。在面对这些挑战时，我国需要积极应对，既要维护国家的安全和稳定，也要推动政治民主化的进程，确保网络空间的健康发展。同时，我国也需要借助网络的力量，加强对外宣传，弘扬我国的文化和价值观念，维护我国的主流意识形态安全。在这个过程中，我国需要以更加开放和包容的态度，积极应对网络时代带来的各种挑战。

（三）辩证认识网络的文化意义

随着互联网经济的飞速发展，网络文化以其独特的方式和魅力迅速崛起，占据了流行文化的主阵地。然而，这种现象也对我国主流意识形态的信息地位构成了一定的威胁。网络文化的内容呈现出扁平化、低俗化的趋势，信息和娱乐的界限变得越来越模糊，这使得色情、血腥、暴力等信息得以伪装成新闻传播，严重影响了广大受众的理性思考能力。在这个娱乐至死的年代，严肃信息往往在娱乐化的浪潮中被淹没，反而成了信息传播的潜在动力。这种现象值得我们深思。一方面，网络文化的发展削弱了主流意识形态的影响力；另一方面，它也为我们发扬中华传统文化提供了新的契机。在网络文化的生产者中，有一部分人成了传统文化传播者。他们以新颖的包装和传播方式，让传统文化在网络上得到了广泛的传播和大众的喜爱。这种现象在一定程度上缓解了主流意识形态受网络文化冲击的压力，同时也为传统文化的传承和发展提供了新的可能。因此，面对网络文化的崛起，我们大学生需要辩证地看待。既要看到网络文化带来的负面影响，又要把握住它为传统文化传播带来的机遇。我们要以理性、客观的态度对待网络文化，既要抵制其中的低俗和不良内容，也要充分利用其优势，弘扬和传播中华优秀传统文化。

总之，网络文化是一把双刃剑，我们既要警惕其对主流意识形态的冲击，又要善于发掘其积极作用，让传统文化在网络时代焕发出新的生机。同时，我们大学生要树立正确的价值观，增强辨别是非的能力，理性对待网络文化，为构建健康、文明、和谐的网络空间贡献自己的一份力量。

（四）深刻体悟网络的学习变革

网络学习的重要性和影响力日益凸显，尤其是在当前信息爆炸的时代背景下。网络学习以其独特的优势，逐渐改变了人们的学习方式和思维模式。首先，网络学习的出现，极大地拓展了我们的学习渠道。无论是学校教育还是自学，网络都为我们提供了丰富的学习资源，使得知识的获取和整合变得更为便捷。以前，人们受时间和空间的限制，学习范围相对较小，而现在，通过网络，我们可以随时随地学习，跨越国界和学科界限，实现真正的终身学习。

莱茵戈德曾提出，网络的超级链接功能使学习更具综合性，有助于深入探究。在网络学习中，我们可以轻松地从一个主题跳到另一个主题，实现知识的交融和整合。这种学习方式不仅有助于拓宽我们的知识面，还能激发我们的创造力，使我们的思维更加活跃和开放。

然而，网络学习也存在一定的负面影响。随着信息碎片化的传播，人们容易陷入浅层学习，对知识的掌握停留在表面，难以进行深度思考和辩证思考。这不仅影响了学习效果，还可能误导我们的判断和行为。因此，在进行网络学习时，我们需要注重信息的筛选和辨别，努力避免陷入信息过载的困境。

同时，网络学习对思维方式也产生了深远的影响。麦克卢汉曾提出"媒介即信息"的观点，认为媒介本身就是一种信息，网络媒介使人产生发散性思维，对传统线性逻辑思维方式产生影响。这种发散性思维有助于我们从多角度审视问题，但同时也要求我们具备更高的信息处理能力和自律性。

综上所述，网络学习在为我们提供便捷的学习渠道和丰富的知识资源的同时，也带来了一定的负面影响。我们应该认识到网络学习的双面性，合理利用网络资源，培养自己的批判性思维和辩证思考能力，以适应这个信息爆炸的时代。同时，我们还应保持对传统学习方式和思维模式的尊重，实现新旧思维方式的有机结合，为我们的学习和生活注入更多的活力。

（五）主动感知网络的生活变革

随着互联网的普及和发展，网络消费已经成为我们生活中不可或缺的一部分。然而，对于大学生这一群体来说，网络消费带来的不仅仅是一种便捷的消费方式，还可能是一种潜在的压力和焦虑。因此，我们需要通过教育引导大学生理解网络消费的特性，以缓解物欲刺激下的焦虑。网络对消费的改变主要体现在公众消费方式、意图、动力等方面。一方面，消费方式逐渐向网络购物转移，降低了成本，节约了时间。我们可以足不出户就能购买到自己喜欢的商品，这对于忙碌的大学生来说无疑是一种极大的便利。另一方面，网络购物也增加了过度消费、冲动性消费的概率。由于网络购物方便快捷，消费者在短时间内可以浏览大量的商品信息，容易产生冲动消费的行为。此外，网络营造了消费文化的氛围。这一点主要体现在两个方面：一是网络营销手段，商家通过各种吸引人的广告、促销活动等方式，激发消费者的购买欲望；二是消费者在社交平台上分享吃喝玩乐的信息，形成一种消费的潮流。这种氛围使得大学生更容易受到物欲的诱惑，从而导致焦虑的产生。为了应对这种现象，我们需要从以下几个方面着手：首先，加强大学生的消费观念教育，引导他们理性看待网络消费，明确自己的消费需求，避免盲目跟风；其次，大学生应养成良好的消费习惯，遵循量入为出的原则，不盲目追求物质享受；最后，家庭和学校要共同关注大学生的心理健康，帮助他们树立正确的人生观、价值观，以缓解物欲刺激下的焦虑。

总之，网络消费作为一种新型的消费方式，在给大学生带来便利和愉悦的同时，也带来了一定的压力和焦虑。我们应该关注这一问题，通过教育引导大学生理性看待网络消费，培养他们的消费观念和心理健康，使他们能够在网络消费的世界中保持理智，追求更加充实和美好的大学生活。

二、网络情感观念类内容

在当今社会，网络已成为人们生活的重要组成部分，尤其是在青年群体中，网络更是他们获取信息、交流思想、展示自我的平台。然而，网络环境的复杂性和虚拟性也使得大学生在网络生活中的价值观和情感态度面临着巨大的挑战。因此，网络情感类教育内容在思想政治教育视域下大学生网络素养培育中显得尤为重要。

（一）网络主权意识教育

随着互联网的普及和信息技术的飞速发展，网络空间已成为人类生存的第五疆域，网络主权也成为国家间网络空间管理的重要疆域。然而，关于网络主权的争论在国际上却一直存在。一部分国家认为网络主权不成立，主张网络空间是全球公共领域，而另一部分国家则认为主张网络主权是保护落后，阻止人类文明进步。在这些观点的背后，我们可以看到网络科技发达国家的身影。在此背景下，我国亟须对大学生进行网络主权观教育，培养他们积极的网络主权意识，增强他们维护网络主权的自觉性和责任感。网络主权观教育是大学生网络素养培育的重要内容，旨在让大学生认识到网络空间中国家主权的重要性，从而增强他们的网络主权意识。这不仅有助于维护国家网络空间的安全和稳定，也有助于提升我国在全球网络空间治理中的话语权。网络空间作为人类的第五疆域，具有重要的战略地位。在我国，网络主权观教育被视为一项重要任务，旨在培养一代具有正确网络主权意识的青年。然而，面对国际上关于网络主权的争议，我国大学生需要明确我国在网络空间的主权地位，坚定网络主权观。思想政治教育在这个过程中发挥着至关重要的作用。教育部门应引导大学生认识到网络中国家主权的重要性，使他们明白网络主权不仅关乎国家的安全和发展，还关系到人民的福祉。通过教育，让大学生意识到维护网络主权是每个公民的责任和义务，从而激发他们的爱国热情和社会责任感。

国家主权，这是一个国家独立处理本国内外事务、管理自己国家的最高权力。在我国，这个权力由国家全体人民共同行使，体现的是国家的独立性和自主性。在现代社会，随着科技的飞速发展，网络空间已经成为国家主权的重要领域。《联合国宪章》确立的主权平等原则是当代国际关系的基本准则，同样适用于网络空间。这意味着，每一个国家都有权自主管理自己的网络空间，保护自己的网络主权。网络主权是国家网络安全的重要前提和根基，只有确保网络主权，才能保障国家的网络安全。网络安全和信息化对一个国家许多领域都是牵一发而动全身的，是国家多个领域平稳发展的重要保障。网络安全和信息化的发展，不仅关乎国家的经济繁荣，也关乎国家的政治稳定和社会和谐。因此，维护网络主权，保障网络安全，是我国国家发展的重要任务。然而，网络空间的侵犯国家网络主权的行为也日益增多。这些行为可能来自国内，也可能来自国外；可能表现为网络攻击，也可能表现为网络渗透。为了维护我国的国家网络主权，我们需要增强网民的网络主权意识，让他们了解并辨识这些侵犯行为。网民是网络空间的主要参与者，他们的网络主权意识直接影响到我国网络主权的维护。树立网络主权意识，辨识侵犯国家网络主权的行为和危害，是网民参与维护国家网络主权的重要前提。只有当每一个网民都具备强烈的网络主权意识，才能共同保卫我国的网络空间，维护国家的网络主权。

（二）网络责任意识教育

在当今信息化社会，网络已成为人们日常生活和工作中不可或缺的一部分。然而，随着网络的普及，一些大学生在复杂的网络环境中，对社会责任归属存在混淆，自我角色有所迷失。为了培养具有正确网络责任意识的大学生，我国正在推进网络强国建设，强化网民角色意识，并自觉承担起相应的责任。近年来，我国高度重视教育事业，尤其是在网络教育方面。十九大报告明确提出，要优先发展教育事业，办好网络教育，建设网络强国。这意味着，在我国迈向网络强国的道路上，大学生需要建立与时代发展相适应的主体认识，强化网络责任意识。随着中国特色社会主义进入新时代，大学生网络素养教育也必须跟上时代发展，担负起相应的教育使命。在网络世界中，有些大学生在一定程度上放纵了自己，漠视了社会责任。这要求我们在思想政治教育中增设网络责任意识教育内容，引导大学生形成正确的网民主体意识，认清自身肩负的网络责任。增设网络责任意识教育内容的目的是让大学生了解自己在网络空间的责任担当、权利与责任。通过教育，让大学生认识到，在网络世界中，他们不仅享有言论自由等权利，同时也要承担相应的社会责任。这不仅有助于培养大学生的社会责任感，还能使他们更好地承担起时代赋予的责任和要求。

（三）网络道德批判意识教育

随着网络信息技术的飞速发展，人们的生活方式发生了翻天覆地的变化。网络不仅成为我们获取信息、交流沟通的重要平台，也深刻地影响着我们的道德认识和道德生活。然而，网络虚拟空间的道德底线失守，与现实生活世界的道德建设形成强烈反差，给大学生带来了诸多困惑。因此，引导大学生科学认识网络伦理，形成科学的网络道德观，并指导其网络行为，成为当务之急。网络道德批判意识教育的目的，就是帮助大学生建立起科学的网络道德意识。这种意识能够使他们明辨是非，正确对待网络中的各种信息，避免陷入网络陷阱。同时，它也能引导大学生在网络空间中积极践行社会主义核心价值观，传播正能量，为构建网络强国贡献力量。网络信息技术的发展既带来了便捷，也带来了道德困惑。在网络世界里，人们的行为方式和道德观念面临着前所未有的挑战。一些大学生在网络中迷失自我，价值观发生扭曲，甚至走上犯罪道路。这些问题引发了社会各界的广泛关注，促使我们重新审视网络道德教育的重要性。为此，我们必须高度重视大学生的网络道德批判意识教育，将其纳入思想政治教育的道德内容体系。有针对性地结合大学生的特点和网络发展新趋势，创新教育方法，提升学生的网络道德批判意识。在开展网络道德批判意识教育的过程中，我们要注重理论与实践相结合，引导大学生深入剖析网络现象，培养他们的道德判断力和道德行为能力。同时，我们还应加强对大学生的网络素养培训，提高他们运用网络技术为国家发展、为人民服务的能力。

总之，网络道德批判意识教育是新时代大学生道德教育的重要组成部分。只有当大学生具备了坚定的网络道德批判意识，才能在网络空间中行得更远，为网络强国建设贡献自己的力量。让我们共同努力，为培养具有科学网络道德观的大学生，为建设网络强国，实现中华民族伟大复兴的中国梦而奋斗！

（四）网络法治安全培育

随着互联网的普及，新时代大学生在网络空间中的活跃程度越来越高。因此，对大学生进行网络法治安全的培育显得尤为重要。网络法治安全培育的目标就是让大学生了解并掌握网络相关的法律、法规、管理办法、实施办法、条例、自律规范、倡议、公约等内容，从而提升他们的网络素养，保护自己的合法权益。

网络法治安全的培育内容丰富多样，首先，大学生需要学习如何保护计算机的安全，防止个人信息泄露。这包括定期更新操作系统、安装安全软件、避免访问不安全的网站等。其次，大学生应养成文件备份的习惯，以防数据丢失。此外，大学生在网络公共场合应及时删除自己的账号及相关信息，以保护自己的隐私。

更重要的是，网络法治安全培育旨在引导大学生尊法守法、依法上网。通过学习相关法律法规，大学生应增强法治意识，避免参与违法活动，如电信诈骗等。这不仅有助于维护自身的合法权益，也有助于构建一个健康、有序的网络环境。

为了更好地实现网络法治安全的培育目标，本书收集整理了新时代以来我国出台的相关法律法规，包括《中华人民共和国网络安全法》《互联网信息服务管理办法》等。同时，我们还关注了我国制定的相关节日与宣传周，如国家网络安全宣传周、全国青少年网络法治素养展示活动等。这些节日和活动旨在提高全民的网络法治意识，营造良好的网络环境。

此外，我们还关注了我国出台的各项报告，如《全国人民代表大会常务委员会关于加强网络信息保护的决定》《中国互联网发展报告》等。这些报告反映了我国网络法治建设的发展历程和取得的成果，为大学生了解网络法治现状提供了有益的参考。

表1 新时代以来我国出台的相关文件

序号	文件	施行时间
1	《深入实施国家知识产权战略行动计划》（2014—2020年）	2014年12月10日
2	《国务院关于积极推进"互联网+"行动的指导意见》	2015年7月4日
3	《互联网视听节目服务管理规定》	修订时间：2015年8月28日
4	《关于加强网络安全学科建设和人才培养的意见》	2016年7月7日
5	《关于新形势下加快知识产权强国建设的若干意见》	2016年7月18日
6	《"十三五"国家知识产权保护和运用规划》	2016年12月30日
7	《关于促进移动互联网健康有序发展的意见》	2017年1月15日
8	《中长期青年发展规划（2016—2025年）》	2017年4月13日
9	《互联网新闻信息服务管理规定》	2017年6月1日
10	《高校思想政治工作质量提升工程实施纲要》	2017年12月6日
11	《中国教育现代化2035》	2019年2月23日
12	《网络音视频信息服务管理规定》	2020年1月1日
13	《网络信息内容生态治理规定》	2020年3月1日
14	《法治社会建设实施纲要（2020—2025年）》	2020年12月7日
15	《互联网信息服务管理办法（修订草案征求意见稿）》	征求时间至2021年2月7日

表2 新时代以来我国施行的相关法律法规

序号	文件	施行时间
1	《中华人民共和国国家安全法》	2015年7月1日
2	《中华人民共和国刑法》	2015年11月1日
3	《中华人民共和国网络安全法》	2017年6月1日
4	《中华人民共和国电子商务法》	2019年1月1日
5	《中华人民共和国电子签名法》	修正时间：2019年4月23日
6	《中华人民共和国密码法》	2020年1月1日
7	《中华人民共和国数据安全法》（审议稿）	审议时间：2020年7月3日
8	《中华人民共和国民法典》	2021年1月1日
9	《个人信息保护法》	尚在制定中

表3　新时代以来我国出台的相关报告

序号	文件	施行时间
1	《2018网络安全人才发展白皮书》	2018年9月25日
2	《世界互联网发展报告2018》	2018年11月8日
3	《中国互联网发展报告2018》	2018年11月8日
4	《中国数字经济发展与就业白皮书》	2019年4月
5	《新媒体蓝皮书：中国新媒体发展报告No.10（2019）》	2019年7月2日
6	《世界互联网发展报告2019》	2019年10月20日
7	《中国互联网发展报告2019》	2019年10月20日
8	《2018—2019年中国互联网产业发展蓝皮书》	2019年12月
9	《世界互联网发展报告2020》	2020年11月23日

表4　新时代以来我国设立的相关会议及节日

序号	文件	施行时间
1	网络安全宣传周（每年9月第三周）	2014年11月5日
2	第一届世界互联网大会	2014年11月19—21日
3	全民国家安全教育日	2015年7月1日
4	第二届世界互联网大会	2015年12月16—18日
5	第三届世界互联网大会	2016年11月16—18日
6	第四届世界互联网大会	2017年12月3—5日
7	第五届世界互联网大会	2018年11月7—9日
8	首届中国网络诚信大会	2018年12月10日
9	第六届世界互联网大会	2019年10月20—22日
10	第二届中国网络诚信大会	2019年12月2日
11	世界互联网大会互联网发展论坛	2020年11月23—24日

随着新时代的来临，我国在社会、经济、文化等各个领域都发生了翻天覆地的变化。在这个进程中，法律法规的制定和实施，对于维护社会秩序、保障公民权益具有重要意义。尤其是在网络安全领域，我国在十八大以来取得了突破性的进展。通过对新时代我国出台的相关法律法规、节日与宣传周、各项报告进行了收集和整理，发现我国在网络安全法治建设方

面已经取得了显著的成果。一方面，我国对互联网信息搜索、应用程序等进行了依法规范，保障了公民的知情权、表达权和监督权。另一方面，我国也加强了对网络犯罪、网络谣言等违法行为的打击力度，维护了网络空间的秩序和安全。

在此基础上，我国还积极推动网络安全教育，以培育新时代大学生重视网络意识形态安全。从小学到大学，网络安全教育逐步深入，强化了学生的正确网络意识。在学校教育中，网络素养成为必修课程，引导学生正确使用互联网，提高网络安全防护能力。此外，我国还通过举办各类宣传活动，提高全社会对网络安全的认识，推动形成共建共治共享的网络安全格局。

然而，面对日益复杂的网络环境，我们仍需警惕网络安全风险。随着科技的快速发展，网络攻击、网络诈骗等违法行为不断升级，给网络安全带来了严重挑战。因此，我国在网络安全法治建设方面还需不断加强，与时俱进地完善相关法律法规，提升公民的网络素养。

总之，在新时代背景下，我国网络安全法治建设取得了突破性的成果，为维护网络空间秩序、保障公民权益提供了有力保障。我们要继续推动网络安全法治建设，培育新时代大学生重视网络意识形态安全，共同维护网络空间的安全与稳定。同时，我们也要警惕网络安全风险，不断提升自身的网络素养，为构建更加美好的网络世界贡献力量。

（五）网络价值判断意识教育

在信息化社会，网络已成为人们日常生活的重要组成部分。网络空间中的信息纷繁复杂，各种价值观交织在一起，对大学生的价值观形成巨大的冲击。在这种背景下，网络价值判断意识教育作为大学生思想政治教育的重要组成部分，日益凸显出其重要性。网络价值判断意识教育旨在培育和践行社会主义核心价值观。通过教育实践活动，引导大学生科学认识网络空间的价值观现象，增强网络生活中明辨是非、区分美丑、识别善恶等能力。这一教育方式有助于提高大学生在网络环境中的思想政治觉悟，使其在纷繁复杂的信息中保持清醒的头脑，自觉抵制不良价值观的侵蚀。然而，当前思想政治教育的现实状况引起了教育工作者的深刻反思。一方面，网络空间的价值观混乱现象日益严重，对大学生的价值观产生严重影响；另一方面，大学生在网络环境中的价值取向问题亦日益凸显。在这种背景下，网络价值判断意识教育显得尤为重要。它是提高大学生思想政治觉悟的有效手段，有助于引导大学生树立正确的世界观、人生观和价值观。价值观教育是思想政治教育中的重要一环，聚焦于"三观"的教育。所谓"三观"，即世界观、人生观和价值观，是人们认识世界、把握人生、评判价值的基础。在网络环境下，价值观教育面临着严峻的挑战。各种不良信息、错误的价值观通过网络传播，对大学生的"三观"产生严重影响。因此，加强网络价值判断意识教育，帮助大学生树立正确的"三观"，是新时代大学生思想政治教育的关键环节。

我国大学生思想政治教育的力度空前，主流呈现出积极、健康、向上的态势，然而，与此同时，我们也必须面对这样一个现实：大学生在网络虚拟空间中的思想、情感、价值观表现令人不满意。这一现象警示我们，在网络迅速发展的当下，对大学生的思想教育是一项艰巨而重要的任务。互联网的发展无疑为大学生打开了认知世界的新窗口，开阔了他们的视野，促进了思想文化交流。然而，这种多元化的价值观念也使得大学生在面对众多的选择时感到困惑。网络空间的多样价值观念冲击着他们对世界的认知，不良思想观念的传播甚至可能影响大学生价值观的建构。更为严峻的是，"读书无用论"在大学生群体中一度再次抬头。这种观念的存在不仅对大学生的学习积极性造成打击，也对我国的教育事业产生负面影响。因此，我们必须正视这一点，从根本上解决大学生网络素养培育的问题。面对这样的挑战，我们有必要重新审视大学生的思想政治教育。我们不能仅仅满足于表面的繁荣，更要关注大学生内心的困惑和迷茫。我们要通过有效的教育手段，引导他们正确对待网络中的各种信息，培养他们独立思考、理性判断的能力。此外，我们还需要加强对大学生的网络素养教育，使他们能在网络世界中保持清醒的头脑，自觉抵制不良信息的侵害。同时，我们也要注重培养他们的责任感和使命感，使他们能够自觉地为中国特色社会主义建设贡献力量，成为时代的新人。

总之，网络价值判断意识教育在大学生思想政治教育中具有重要地位。只有加强这一环节的教育，才能帮助大学生在网络环境中树立正确的价值观，抵御不良价值观的侵袭，为实现中华民族伟大复兴的中国梦培养有理想、有道德、有文化、有纪律的新一代青年。我们要高度重视网络价值判断意识教育，将其纳入大学生思想政治教育的整体布局，为培养担当民族复兴大任的时代新人贡献力量。

三、网络行为能力类内容

（一）网络基础技术知识培育

随着互联网的普及和信息技术的飞速发展，网络技术知识培育已经成为新时代大学生必备的技能之一。网络基础知识的学习和掌握，不仅有助于提升大学生的网络素养，更能使他们适应信息化社会的发展需求。

网络基础知识主要包括计算机、网络、软件、搜索引擎和数据库等基本概念的熟知。计算机作为现代信息处理的核心，网络则是信息传输的重要途径，而软件则是控制和运行计算机的工具。搜索引擎和数据库则是信息检索和存储的关键技术。对这些基本概念的深入了解，有助于大学生更好地把握网络技术的发展趋势，从而使他们在日益激烈的社会竞争中立于不败之地。大学可以在教育培养计划中增加网络基础知识的课程，包括计算机网络原理、网络通信技术、网络安全等方面的知识，帮助学生建立起对网络基础知识的理解和掌握。

在网络基础知识中，网络信息储存和传输方面的知识尤为重要。大学生应掌握网络信息的存储方法，如何有效地管理和维护个人信息；同时，了解网络信息的传输原理，如何保证信息的快速、安全、稳定传输。这些知识将为大学生在网络世界的探索提供强有力的支撑。通过实践操作，让学生亲自体验和操作网络，如搭建网络实验环境、进行网络设置和配置等，提高学生的网络操作技能和对网络基础知识的理解。教授学生常用的网络应用程序的使用方法和基本操作，包括浏览器、电子邮件、社交媒体等，帮助学生熟练掌握网络应用程序的使用。培养学生的网络素养，包括网络信息获取和评估能力、网络交流和合作能力、网络道德和伦理意识等，提高学生在网络环境中的适应能力和素质。组织网络学习活动，如网络研讨会、网络课程、在线学习资源等，让学生通过网络平台进行学习和交流，提高网络学习和信息检索的能力。

此外，大学生还需要掌握使用搜索引擎进行高效检索的技巧，学会使用"高级检索"功能，从而在海量信息中迅速找到所需资源。同时，熟练运用MS Office和WPS等办公软件，进行文字、表格的编排与设计，具备处理图形图像、视频音频、动画信息的基本能力。这些技能将使大学生在学术研究和日常工作中得心应手。鼓励学生积极参与网络社区和开源项目，拓宽视野，学习和分享网络技术和经验，提高学生在网络领域的实践能力和创新能力。

熟悉掌握网络基础知识，是大学生对网络知识理解程度和对网络信息技术应用熟练程度的体现。大学生应根据自身需求，有针对性地深入熟悉相关网络知识，掌握网络使用方法，以有效获取广泛的信息和学习知识。加强网络安全教育，教授学生如何保护个人隐私和信息安全，学习识别网络威胁和防范网络攻击的基本知识和技能。

（二）网络素养规范培育

随着互联网的普及和应用，网络已经深入到我们生活的方方面面。对于新时代的大学生来说，网络不仅仅是获取知识的工具，更是交流、学习、娱乐的重要平台。然而，网络环境的复杂性和信息的多样性也使得大学生面临着诸多网络素养问题。因此，网络素养规范的培育就显得尤为重要。

网络素养规范培育主要针对新时代大学生，旨在提升他们的网络沟通交流能力、资源共享技术以及文明上网意识。这意味着，大学生需要在学习网络技术的同时，培养起良好的网络素养。这不仅包括遵守网络规则，如保护个人隐私、尊重他人权益，也包括在网络交流中遵循公序良俗，传播正能量。更重要的是，培养大学生网络自律能力，使他们能对自己的网络行为后果负责，形成正确的网络素养知识体系。这需要大学生具备自我管理、自我约束的能力，避免沉迷网络，确保网络行为的健康合理。此外，我们还应引导大学生远离不良网站，遵守网络文明公约，不参与不良信息制作与传播，文明上网，维护网络良好秩序。这不仅有利于保护大学生自身的权益，也是维护网络空间清朗的必然要求。

在新时代的背景下，大学生应增强网络意识及自我管理能力，通过网络参与信息资源共享、社会公益、生活技能服务、文化支教等活动，提升社会责任感并给予他人归属感。这不仅是大学生应尽的义务，也是他们实现自我价值、服务社会的重要方式。

总的来说，网络素养规范培育是新时代大学生面临的重要任务。通过提升网络沟通交流能力、培养网络自律精神、遵守网络文明公约，大学生可以做到文明上网，维护网络良好秩序，为社会的发展作出积极贡献。同时，他们也应充分利用网络平台，积极参与社会活动，提升自身素质，为构建和谐网络空间贡献力量。

（三）网络信息认知能力培育

随着互联网的普及，大学生在网络浏览中保持独立思考能力变得尤为重要。网络世界中的信息海量，真伪交织，大学生需要具备辨识信息真伪的能力，避免被虚假信息所误导。在网络舆论面前，大学生应保持清醒的头脑，理智看待。舆论场往往是各种观点的碰撞，有时候甚至会出现舆论陷阱。因此，大学生需要具备独立思考的能力，不被舆论左右，保持自己的判断。网络中存在着大量的"刻板印象"，这些印象往往会影响个体的认知和判断。大学生应学会识别这些"刻板印象"，并保持独立的价值观判断能力，避免被网络中的刻板印象所束缚。此外，大学生还需要看透网络中"煽色腥"内容的本质。这类内容往往以刺激、煽动、诱惑为主，目的是吸引眼球、获取流量。大学生应学会抵制这类内容，避免被其吸引，从而陷入信息的陷阱。

在我国，教育部门也高度重视大学生网络素养的培养。通过开展思想政治教育，教育引导大学生科学辨识网络传播中的真假新闻。大学生需要学会准确、迅速地判断新闻的真假，避免被虚假新闻所蒙蔽。网络中的假新闻类型多样，包括失实新闻、假新闻和公关新闻等。大学生需要具备辨识这些假新闻的能力，以免被其误导。

在信息爆炸的时代，新闻成为我们获取世界动态的重要途径。然而，新闻的真实性却面临着严峻的挑战。失实新闻、虚构新闻和策划性新闻的出现，让公众对新闻的真实性产生了怀疑。在此基础上，传播过程中的失实新闻更是让假新闻泛滥，对社会产生了恶劣影响。为此，我们需要提高识别真假新闻的能力，深入探讨假新闻的传播原因，并多方求证辨析，还原事件真相。首先，我们需要明确失实新闻、虚构新闻和策划性新闻的定义。失实新闻指的是新闻报道有事实根据，但缺乏全面公正的报道；虚构新闻则是完全没有任何客观事实的新闻；策划性新闻则是故意策划编造某一事件，报道带有明显的目的偏向。这些新闻类型都在一定程度上误导了公众，破坏了新闻的真实性。其次，传播过程中的失实新闻更需要引起我们的关注。在新闻传播过程中，由于受众理解的偏差，新闻可能失去或增添部分事实，从而成为假新闻。这种情况在一定程度上加剧了虚假新闻的泛滥，对社会的信任体系产生了严重冲击。为了应对这一情况，我们需要从教育引导和多方求证辨析两方面入手。教育引导方面，我们需要帮助大学生形成真假新闻的识别能力，追问假新闻传播的原因，培养学生思考传播者的传播意图，思考传播过程可能产生的曲解，以及舆论对事件真相的影响。在多方求证辨析方面，我们对事件的真相进行多方求证辨析，判断真假。这包括对新闻源头的审查、对相关信息的全盘了解、对事件背景的深入研究等。只有通过这样的方式，我们才能在众多新闻信息中分辨出真假，避免被虚假新闻所误导。

网络假新闻的制造与传播已经成为当今社会的一个重要问题。一些人出于各种目的，如追求耸人听闻的效果、哗众取宠或谋取利益，主动制造和发布虚假信息。这些信息在网络媒介，尤其是微博等平台的作用下，迅速传播开来，对社会产生了不良影响。首先，网络媒介的传播形式对假新闻的传播起到了推波助澜的作用。微博等平台以其即时性、互动性和广泛性，使得虚假信息得以迅速传播，从而使得虚假信息在社会中形成了一定影响力。其次，传统媒体在把关方面存在不足，缺少对信源的核实，且其议程设置受网络热搜的影响较大，这使得虚假信息有了更多的生存空间。此外，网民对假新闻的再次传播形成了"三人成虎"的效应。在网络传播的环境下，人们往往容易受到他人观点的影响，对虚假信息予以认同和传播。这种现象使得虚假信息在社会中得以扩散，对社会产生了恶劣影响。为了提高大学生的信息素养，可以通过对信息传播流程的深入分析，让他们认识到健康信息传播的重要性和虚假信息传播的危害性。通过对网络行为的引导和教育，使大学生明晰自身的网络行为选择，从而避免被虚假信息所误导。网络假新闻的制造和传播是一个亟待解决的问题。我们需要从源头上杜绝虚假信息的产生，同时加强传统媒体的把关作用，提高网民的信息素养，共同抵制虚假信息的传播。

随着互联网的普及，网络舆论的影响力越来越大。对于大学生这个群体来说，明确网络舆论与事实的区别，避免将网络评价视为事实，是非常必要的。首先，我们需要明确舆论的定义。舆论是公众对社会政治、经济、文化活动的评价，是一种普遍的社会监督权利。它包括公众对公共事务或话题的态度，反映了社会大众的观点和价值观。舆论具有多样性、多变性和不确定性，有时可能偏颇，但却是社会真实的写照。公共事务与人们的切身利益相关，容易引发广泛议论。在我国，公众对公共事务的关注和参与度越来越高，这有助于推动社会进步和改革。然而，我们也需要看到，舆论场上的信息并非都是真实可靠的。特别是在网络环境下，舆论容易受到操纵和误导，导致公众对事实的误解。其次，娱乐新闻、八卦、绯闻等看似与公共利益无关，但有时会发展出公共维度。这些话题容易引发公众的关注和讨论，但其中也存在诸多虚假和夸大其词的成分。大学生在接触这些信息时，应保持理性思考，辨别真假，不被舆论左右。回到大学生的日常生活中，他们应学会正确对待网络舆论。面对舆论，要保持独立思考，避免盲目跟风。同时，要具备一定的舆论分析能力，透过现象看本质，不被表象所迷惑。此外，大学生还应积极参与公共事务，发挥自己的监督权利，为社会的发展贡献力量。

随着社会的不断发展，我们发现一个显著的现象：舆论的公共化。这意味着原本属于私人领域的事务，如今逐渐扩展到了公共领域，比如明星离婚案等。这样的现象对于我们普通人来说，尤其是大学生来说，如何看待和处理这些问题，显得尤为重要。首先，我们要明确的是，大学生需要具备信息识别能力。在面对舆论时，我们不能一味地接受，而要有辩证的看法。对于舆论中的积极因素，我们应当积极吸收，以此为参照，推动自身的成长与发展。同时，也要能够识别出舆论中的消极影响，避免被错误的信息所误导。舆论的积极作用是不容忽视的。它能够推动社会的改革与进步，促进政治、经济、文化的发展，甚至能够落实民主权利。这些都是舆论在公共领域中的重要角色。然而，舆论的负面影响也同样值得我们警惕。它可能会影响政府的工作，干扰司法公正，甚至篡改事实，使新闻媒体的议程被裹挟。因此，对于大学生来说，我们应重视舆论的监督与促进作用。我们要学会辩证地看待舆论，既要看到它的积极作用，也要注意到它的负面影响。在看到舆论的力量的同时，我们要有能力去引导和调控它，减少其负面影响。

在当今信息爆炸的时代，大学生作为网络传播的重要参与者，如何正确对待和应对网络中的"刻板印象"，关乎他们对信息的判断、情感态度和价值观取向。刻板印象是一种人们对某个社会群体形成的概括而固定的看法，通常带有片面性、偏见和缺乏变化。对此，大学生需科学认识，理性分析，以便在网络讨论中发挥积极作用。网络中的刻板印象主要可分为两类："强者越强，弱者越弱"和"弱者变强，强者变弱"。前者表现为对某些社会现象或群体的负面评价，使得强者愈强、弱者愈弱；后者则反之，通过对弱者的同情和支持，使其力量得到提升。然而，这种现象在一定程度上虽能使得"弱者变强"，得到社会舆论的支持，但对中国社会的进步而言，消极作用大于积极作用。以邓玉娇案件为例，舆论中的邓玉娇和邓贵大分别被塑造为弱者和强者。在网络传播的过程中，邓玉娇因为被塑造为弱者，得到了大众的同情和支持，而邓贵大则因为被塑造为强者，受到了大众的质疑和谴责。然而，现实情况是，邓玉娇的爷爷是当地有权有势的法院庭长，这与舆论中的弱者形象形成反差。这个案例清晰地展示了刻板印象对大学生的影响。如果大学生没有正确的引导和教育，他们可能会因为网络传播中的刻板印象，而错误地判断事件的真实情况。因此，教育部门和高校应当重视起来，加强对大学生的引导和教育，让他们能够以科学的态度看待网络传播中的刻板印象，从而提高他们的信息判断能力。大学生应通过分析比较大量案例，认识到刻板印象的问题。在网络讨论中，他们需要识别他人的错误观点，进行有理有据的批驳，斧正错误的舆论走向。这不仅有助于提升自身对网络传播的认识，也有助于塑造积极健康的网络环境。学习认识刻板印象，大学生可以更好地认识自身和新闻报道中存在的问题，从而提高自身的判断力和批判思维。通过识别和克服错误的舆论走向，他们可以在网络传播中发挥积极作用，为我国社会的进步贡献自己的力量。

随着互联网的普及，新闻传播的方式发生了翻天覆地的变化。然而，在这其中，"煽色腥"新闻作为一种错误的、不道德的报道方式，也随之泛滥。这类新闻存在于虚假和真实的新闻中，严重影响了广大大学生的价值观和道德观。因此，大学生需要教育引导，以科学的态度看待网络传播中的"煽色腥"不良效应，并有效抵制。"煽色腥"新闻主要包括反道德、色情、犯罪等场景描述或照片的新闻。这种新闻报道手法被称为"煽情主义"，媒体受利益驱使，以此吸引受众提升点击率。在很大程度上，这种报道手法违背了新闻职业道德，将严肃的政治、经济、社会新闻娱乐化，从中挖掘娱乐价值。面对如此环境的大学生，需要具备识别、举报和减少对"煽色腥"新闻点击的能力。首先，要学会用科学的态度去看待这类新闻，认清其背后的利益驱动和煽情主义手法。其次，要积极参与举报，让有关部门及时了解和处理这些问题。最后，要从自身做起，减少对这类新闻的关注和点击，以实际行动抵制不良信息的传播。我国政府和社会各界也应高度重视这一问题，加大对"煽色腥"新闻的监管力度，净化网络空间，为大学生创造一个健康向上的成长环境。同时，媒体行业也应树立正确的价值观，自觉抵制煽情主义，以负责任的态度去报道新闻，传播正能量。

网络中的"煽色腥"内容是一个亟待关注的问题，它所带来的消极影响深远且广泛。首先，这类内容对新闻当事人造成了极大的伤害，侵犯了他们的情感和隐私。在网络世界里，个人信息的泄露和恶意传播让人无法防范，这无疑是对当事人尊严的践踏。其次，"煽色腥"内容对媒体的公信力和权威也造成了严重损害。媒体作为社会公器，本应秉持公正、客观的原则，传播有价值、有深度的内容。然而，过度追求点击量、关注度的做法，使媒体陷入了恶性竞争的旋涡，为暴力开辟了文化空间。更进一步，"煽色腥"内容是对敏感新闻事件的过度消费。在一些重大社会事件中，煽动情绪、渲染暴力、色情等元素，使原本具有社会重大意义的严肃议题，变成了引人瞩目的色情大戏。这种做法不仅扭曲了事实，还可能引发社会的不良风气。最后，"煽色腥"内容可能成为一种潜在的教唆，让受众认为社会充满暴力和犯罪，形成鄙视世界的社会观。这种观念的传播，会让人们感到不安，对周围环境产生恐惧，进而影响社会和谐稳定。

在当今信息爆炸的时代，大学生每天都会接触到大量的新闻资讯。新闻中充斥着各种各样的内容，包括血腥、暴力、煽动等。如何看待这些新闻，尤其是其中的负面内容，对大学生的心智成长至关重要。教育者在此过程中发挥着关键作用，引导大学生发掘新闻中的积极作用，培养他们的辩证思维。首先，我们要认识到，血腥、暴力画面虽然令人反感，但它们在一定程度上能直接引发恐惧，刺激反思，从而避免悲剧重演。正如一句古话所说："前车之鉴，后事之师。"通过关注这类新闻，大学生可以更加珍惜生命、关爱他人，从自身做起，为构建和谐社会贡献力量。其次，煽动性内容虽然容易引起情绪波动，但正是这种特质让它具有引发关注、促使思考的积极作用。以印度奸杀案为例，这一事件极大地引发了我国民众对女性地位和安全问题的关注，进而促使社会反思并探讨如何改善女性生存环境。这种关注和反思对于推动社会进步具有深远意义。

教育者在引导大学生关注新闻的同时，更要引导学生进行反思，使其在面对不同情况时能通过理性思考得出结论。网络中的"煽色腥"内容虽然令人反感，但其报道方式也有助于我们理解事件背后的复杂性。通过辩证看待这些内容，学生可以学会在现实生活中用同样的辩证思维去分析问题、解决问题。同时，大学生要明确正义初衷可能带来危害，错误做法也可能有积极效果。在网络活动中，我们应以社会主义核心价值观为评价标准，辩证思考行为做法，谨慎选择相信和行动。

（四）网络信息利用能力培育

在新时代，网络信息利用能力已成为大学生必备的重要能力。这种能力不仅包括对网络信息的分析判断，还包括信息的积累存储、有效交流及合理利用。随着网络媒体的飞速发展，大学生面临着海量网络信息的冲击，因此，具备筛选和判断网络信息的能力显得尤为重要。

网络信息的真伪评价是网络信息利用能力的基础。在网络世界中，信息的真实性、准确性参差不齐，大学生需要学会在纷繁复杂的信息中筛选出真实、有价值的信息。此外，大学生还需要增强信息的捕捉与积累能力。这意味着他们需要时刻关注网络动态，积极收集、加工和利用各种网络信息，以便在需要时能够及时准确地合理利用这些有益的网络信息。

网络信息的积累、存储、分析、判断是一个持续的过程。在此基础上，大学生需要通过交流来最大限度地发挥网络信息的作用。有效的信息交流是网络活动顺利进行的基本条件，也是实现信息资源共享、推动社会进步的重要途径。在实际的工作学习生活中，信息交流发挥着重要作用，可以帮助大学生更好地解决问题、提高工作效率。

为了培养大学生的网络信息利用能力，我们需要教育他们如何正确使用网络工具、利用网络资源。教育部门可以采取一系列措施，如开展相关课程、组织实践活动，引导大学生通过与老师、同学交流以及搜索引擎、官方网站等途径解决现实工作、学习生活中的问题。同时，大学生自身也要积极参与，主动提升自己的网络信息素养，使自己在网络世界的信息利用能力得到全面提升。

总之，网络信息利用能力是新时代大学生必备的核心素养。通过提高筛选、判断网络信息的能力，增强信息的捕捉与积累，加强信息交流，大学生可以更好地利用网络资源，为自己的工作学习生活带来便利。我国教育部门和相关机构应高度重视大学生网络信息利用能力的培养，为培养具有全面素质的新时代人才贡献力量。

（五）网络正向文化传播能力

网络空间，一个充满活力和多元化的文化领域，在其中，大学生们既是积极的参与者，又是网络世界的建设者。这个空间以其独特的便利性，为大学生提供了一个成为健康信息和正向文化传播者的机会。网络空间作为一个"多主体"的文化空间，其特性使得大学生能够更深入地参与到网络生活中，同时也在塑造着网络世界的风貌。在这个空间中，大学生不仅是信息的接收者，更是信息的生产者和传播者。他们可以利用网络的便利性，将健康的信息、正向的价值观传播给更多的人，为网络文化的建设贡献力量。然而，要全面理解和把握网络空间，大学生需要深入学习网络文化的特点和生产方式。他们需要全面、深刻、辩证地认识网络文化，了解其积极和消极的一面，从而在网络世界中做出明智的决策，避免被网络文化的负面影响所侵蚀。在这个过程中，大学生应积极主动地在网络空间传播正能量。他们可以通过自己的言行，营造一个健康、向上的网络文化氛围，让网络空间成为传播真善美的平台。这样，不仅可以提升网络文化的整体品质，也能为自己和他人创造一个更好的网络环境。网络文化生产的实质是一种再生产。网络空间搭建了一个容纳各种话语的再生产平台，这些话语来源于政治、经济、科学、宗教、道德、文艺、日常生活等各个领域。在这个平台上，社会各种话语在进行激烈的碰撞、博弈，最终实现优胜劣汰。因此，大学生需要在这个过程中，以批判性的眼光看待网络文化，避免被其中的消极因素所影响。同时，他们也应当积极参与到网络文化的建设中去，为网络空间注入更多积极、健康的元素。

　　网络文化，作为一种全新的文化形态，其产生与发展取决于网络文化内容与网络媒介技术的共同进步。换句话说，只有当网络文化内容丰富多样，网络媒介技术先进便捷时，网络文化才能呈现出蓬勃发展的态势。在我国，大学生作为网络文化的重要参与者，应充分理解网络空间的共享性特征，发挥资源优势，参与有价值的网络活动，共同营造良好的网络环境。网络空间的共享性特征使得信息传播更加迅速，也让每个人都能成为信息的生产者和消费者。这种特性既为大学生发挥自身优势提供了平台，也要求他们在网络活动中承担起应有的责任。在网络社会中，每个网民都如同单独的水滴，看似微不足道。然而，积水成海，网民群体力量强大，拥有更多的民主权利。这使得每个网民都应当认识到自己在网络信息传播中的重要性，用理性、负责的态度行使自己的权利。尤其是大学生，在网络信息传播中承担着重要的责任。尤其在网络群体极化时，他们需要保持冷静，以认真、负责、理智、冷静的态度引导网络文化的正向发展。这不仅是对自身的负责，也是对整个网络环境的维护。

　　随着互联网的普及，网络已经成为我们日常生活中不可或缺的一部分。对于大学生这个特殊群体来说，他们应该充分利用网络资源，传播有价值的文化信息，优化网络环境，提升网络使用效率。这不仅有助于提升个人素质，也能够对整个社会产生积极的影响。网络生态的健康与否，与我们每个人的关注度密切相关。个人关注度和群体关注度对网络生态和文化产生重要影响。在这个过程中，大学生应更多关注公众事务，关注国家政策、民生、公众利益相关的新闻事件。这样，他们才能更好地了解社会，明确自己的社会责任，为社会的进步贡献自己的力量。在获取信息的过程中，大学生需注意分辨克服刻板印象对价值观判断的影响。刻板印象往往会导致信息的失真，影响我们的判断力。此外，大学生还需警惕协同过滤，避免信息"窄化"。这意味着，他们应当主动拓宽信息来源，避免陷入信息的孤岛，以更全面、客观的视角看待世界。在网络环境中，大学生应积极参与公共讨论，但同时也要保持理性和善意。当他们发现网络中存在污名化现象时，应尽可能帮助被污名化者，声援他们，在网络中澄清事实。这样的行为不仅有助于维护公平正义，也能够促进网络环境的优化。

同时，对于大学生而言，具备辨识新闻真伪的能力、保持对新闻的质疑态度以及树立科学的新闻阅读观念显得尤为重要。在阅读新闻时，大学生应通过自我提问的方式来判断新闻的真实性。首先，要关注新闻来源的可靠性，了解发布者的背景和动机。其次，要核实相关信息，确保新闻内容的准确性。此外，还需关注新闻中证据的提供，以及新闻人物和事件的真实性。在这个过程中，保持质疑态度，不轻信未经证实的信息。在判断新闻价值时，大学生应思考新闻的传播效果和受益人，从而辨别新闻的真实性和可信度。要学会从多个角度审视新闻，避免被片面信息所误导。同时，要关注新闻背后的价值观和立场，学会理性分析新闻内容。在网络讨论中，大学生应积极引导大众理性思考，选择逻辑严密的文本信息进行深入阅读。通过提高自己的逻辑思辨能力和分析问题的能力，为构建积极、健康、向上的网络文化贡献力量。在网络表达观点时，大学生应采用"论点+论据"的逻辑推演，清晰地表达自己的看法。同时，尊重不同意见，维护舆论观点的多样化，减少舆论极端化问题。通过理性表达和辩论，共同营造一个开放、包容、多元化的网络空间。

（六）网络公益行动参与能力

在互联网高速发展的时代背景下，网络公益活动逐渐成为我国慈善事业的一股新兴力量。其影响力巨大、体验性强、交互性高、受众自主性更强以及透明度高等特点，使网络公益活动在短时间内筹集了巨额善款，同时也赢得了公众的广泛信任。首先，网络公益活动的影响力巨大。以"冰桶挑战"为例，这项活动在短短两周内为中国瓷娃娃罕见病关爱机构筹集了800多万善款。这充分展示了网络公益活动在短时间内迅速传播、集结力量的优势，也为我国慈善事业提供了新的发展方向。其次，网络公益活动的体验性更强，参与度更高。相较于传统的慈善活动，网络公益活动更能激发受众的参与热情和积极性。通过简单的操作，参与者就可以实时了解公益活动进展，感受到关爱他人的快乐，这种身临其境的体验使得公益事业更加深入人心。第三，网络公益活动的交互性更强。在网络社区中，参与者可以互相传播公益活动信息，发表观点，共同讨论，形成一个活跃的公益圈子。这种互动使得公益活动具有更强的主动性，也使得公益事业更加贴近民生。第四，受众的自主性更强。在网络公益平台上，公众可以自主广泛选择和发起公益活动。这种自主性不仅让公益项目更加丰富多样，还激发了公众的创意思维，使得公益事业更具活力。最后，网络公益活动的透明度更高。网络公益平台公开透明地展示捐款去向、项目进展等信息，提高了公众的信任度。高度透明的公益环境有助于消除疑虑，吸引更多人投身公益事业。

网络公益逐渐成为社会关注的焦点。对于大学生这一群体来说，正确认识网络公益的积极与消极两面性，发挥其积极作用，规避其负面影响，具有重要意义。本书将围绕这一主题进行探讨，以期为大学生参与网络公益提供指导。一方面，我们要认识到网络公益的积极作用。首先，网络公益有助于加强公众的社会责任感。在网络公益平台上，人们可以直观地了解到社会问题的严重性，进而积极参与到解决社会问题的过程中，提升个体的价值感。其次，网络公益有利于促进社会和谐稳定。通过网络公益平台，人们可以迅速集结起来，共同为解决某一社会问题贡献力量，从而增进社会凝聚力。另一方面，网络公益也存在一定的消极作用。首先，是虚假公益问题。部分不法分子利用网络公益的名义进行诈骗，导致公众信任危机。其次，网络公益可能不利于弱势群体的援助。由于网络公益项目的运行制度不完善，一些真正有需要的人群可能无法得到及时援助。此外，运行制度的不完善还可能挫伤公众行善积极性。在这个背景下，大学生如何辩证地看待网络公益，从而在参与网络公益时做出明智的选择，成为一个亟待解决的问题。我们需要认识到网络公益的双面性，既要发挥其积极作用，又要避免其消极影响。在选择网络公益项目时，要关注项目的透明度、合法性等方面，确保自己的善款能够真正帮助到有需要的人群。

随着网络的普及，越来越多的人通过网络参与到各种公益活动中，其中包括大量的大学生。然而，一段时间以来，网络上出现了一些质疑网络公益活动真实性的声音，甚至有人认为大学生参与网络公益活动是因为泛滥的同情心，或是认为网络公益不值得信任。事实上，这种观点并不全面，我们需要对这些问题进行深入的思考。首先，我们要认识到，错误并非源于泛滥的同情心和网络公益的不值得信任。大学生参与网络公益活动，很多是因为他们具有强烈的社会责任感，希望用自己的力量去帮助那些需要帮助的人。这种同情心并非泛滥，而是一种关爱他人的表现。同时，网络公益活动并非都不值得信任，很多公益活动组织者都是以真诚的心态去帮助他人的。因此，我们不能因为个别案例就全盘否定网络公益的价值。其次，大学生在参与网络公益活动时应谨慎选择，并积极捍卫自己对捐助资金用途的知情权。面对众多的网络公益活动，大学生要具备辨别是非的能力，尽量选择正规、可信的组织进行捐助。同时，大学生要有意识地关注捐助资金的流向，确保自己的善款能够真正用到实处。这既是对捐助资金的负责，也是对自己关爱他人的态度的体现。最后，大学生要明白自己的帮助确实可以带给他人幸福，因此有责任回报社会。参与网络公益活动，不仅仅是为了满足自己的同情心，更是为了承担起社会责任，传播正能量。大学生要学会将自己的力量与社会需求结合起来，用自己的实际行动去回馈社会，为建设美好社会贡献力量。

（七）网络空间团队协作能力

随着网络时代的到来，我们的生活世界发生了翻天覆地的变化。网络的便捷性不仅为个人的发展提供了新的可能性，同时也为社会的发展注入了强大的动力。在这个时代背景下，我们需要有意识地培养大学生团队协作能力，让他们在网络世界中学会与他人合作，以实现更大的价值。团队协作能力的培养不仅有助于提升大学生的网络素养，还能使他们更好地适应社会发展的需求。为了提升大学生网络协作能力，我们需要让他们从理论和实践两个角度来认识和体验网络协作的重要性。在理论层面，大学生应了解网络协作的基本概念、原理和方法，以便在实际操作中能够更好地运用。在实践层面，大学生应积极参与各类网络协作项目，通过实际操作来锻炼和提升自己的团队协作能力。网络协作的实质是集体智慧的展现，它能够优化集体力量，促进社会的发展。在我国，网络协作在科技创新、社会管理等方面发挥着越来越重要的作用。大学生作为国家未来的栋梁，更应该把握网络协作的重要性，为我国的发展贡献自己的力量。

网络作为一种全新的媒介，其设计目标就在于允许创新在网络中快速传播，从而实现大规模的社会协作。这种媒介的出现，为人类提供了全新的合作方式，推动了社会的发展和进步。其中，万维网就是利用网络规模进行协作的最佳示例。这种现象被称为"大规模协作"。万维网的出现，让全球的人们都可以通过网络进行实时交流和信息共享，极大地推动了人类知识的传播和创新的发展。在当前的协作形式中，网络协作占据了重要的地位。它包括集体智慧、虚拟社区、众包和共享经济等多种形式。这些协作形式都在网络的平台上运作，实现了人与人、人与信息、人与服务的高效连接。集体智慧是网络协作的一种重要形式。在网络中，人们可以通过快速的时空组接，共同完成过去难以想象的宏大任务。例如，维基百科就是集体智慧的最好体现。它是一部由全球网民共同编写和更新的百科全书，其内容和规模远远超过了传统的纸质百科全书。另一种重要的网络协作形式是虚拟社区。这是一种由一群具有相同兴趣爱好的人通过网络社交平台聚集在一起，并遵守特定的软性社会契约的社区。在虚拟社区中，人们可以共享知识和信息，共同讨论和解决问题，形成了一种全新的社交模式。

随着时代的发展，校园BBS等信息分享平台已经不再是大学生获取信息的主要来源，取而代之的是微博、微信、贴吧、论坛等社交平台成为大学生获取和分享信息的新阵地。这些平台不仅丰富了大学生的校园生活，也使得信息分享变得更加便捷和多元化。网络技术的发展不仅改变了信息分享的方式，也催生了一种新的协作模式——众包。众包是一种依靠人群合力完成任务的模式，它以其参与动机与管理方式的特点，吸引了众多大学生的参与。这种模式充分体现了人群的智慧与力量，为解决各种问题提供了新的思路。在众包的基础上，共享经济应运而生。共享经济以信息技术为基础，实现产品所有权与使用权的分离，提高了资源的利用率。滴滴出行和共享单车等案例就是共享经济在我国的成功实践，它们证明了网络空间具有巨大的协作潜力。面对这一发展趋势，大学生应当认识到，团队协作能力将成为未来竞争的关键。在学习和生活中，大学生应积极培养和锻炼自己的团队协作能力，以适应社会发展的需求。同时，大学生也应该善于利用各种信息分享平台，获取和分享有价值的信息，提升自己的综合素质。

在当今社会，网络已经成为创新创业的重要平台，大学生作为国家的未来和希望，更需要提升网络协作技巧，以增强自主创业的视野、思维和能力。在这个过程中，关键的一点是善用个人注意力资源，为自己和群体创造价值。首先，我们要培养开放的心态，积极参与网络社群，共享智慧知识。网络社群是一个汇集各类信息和资源的宝库，通过积极参与，我们可以接触到不同的观点和思维方式，从而拓宽视野，激发创新灵感。同时，我们也应当贡献自己的力量，与他人共享知识和经验，实现共同成长。其次，学会在网络社区中寻求帮助，解决问题。在创业过程中，我们难免会遇到各种困难和挑战，如何有效地解决问题，是提升创业能力的关键。在网络社区中，我们可以寻求有经验的人士的指导，或者与其他创业者一起探讨问题，共同寻求解决方案。此外，我们还可以尝试组建良好运行的网络社区，提高沟通效率。一个高效运作的网络社区，可以让我们更快地获取信息，更好地与他人协作。在组织网络社区的过程中，我们可以锻炼自己的组织协调能力和沟通技巧，为未来的创业之路打下坚实基础。在参与网络协作活动时，要有选择性地参与，以开阔思维，积累经验。网络协作活动种类繁多，参与合适的活动，可以让我们接触到前沿的科技和理念，提升自身的创新能力。为了更好地培养大学生的网络协作能力，教育部门应积极引导学生关注共享经济的新领域及问题改善方法。通过对现有问题的反思，我们可以找到创新的解决方案，为我国的经济社会发展贡献力量。在教学过程中，教师应注重引导学生反思、创造和行动。通过引导学生对网络协作能力的自我评估，找出不足之处，并提供针对性的指导和建议。同时，鼓励学生将所学知识应用于实际项目中，以提升网络协作能力的实际运用水平。最后，通过长期性、系统化的团队协作演练，提升大学生的网络协作能力。在实际操作中，学生可以充分运用所学知识，锻炼自己的团队协作和沟通能力。此外，学校还应加强对大学生的网络技术培训，提升他们对网络的综合运用能力。

（八）网络不良言行抵制能力

网络空间作为一个模糊、广域且虚拟的领域，为各种复杂的舆论信息、思想潮流和文化观念提供了生存的土壤。这种特性使得别有用心的国家得以利用网络空间，推波助澜、声张造势，进而营造一种意识形态争端的态势。在这样的背景下，大学生网络素养的培育显得尤为重要。

其目标在于引导和帮助大学生具备抵制网络不良言行的能力，使他们能够深刻认识网络中的国家权力之争。如此一来，我们的大学生才能在鱼龙混杂的网络环境中保持清醒的头脑，为维护我国的主流意识形态贡献力量。然而，当前我国网络环境中主流意识形态面临着两种威胁。一种是境内新闻泛娱乐化引起的话语权争夺。这种现象使得真实、公正、客观的新闻报道被边缘化，进而影响到主流意识形态的传播和影响力。另一种威胁则是来自境外的敌对势力对我国主流意识形态的抨击。他们利用网络空间的虚拟性和隐蔽性，大肆传播负面信息和偏见，试图削弱我国主流意识形态的地位。面对这样的挑战，教育者应当承担起引导和培养大学生网络素养的重任。他们需要带领学生分析网络新闻泛娱乐化对话语权的争夺，以及境外敌对势力对我国主流意识形态的攻击。通过深入剖析这些现象背后的原因和影响，教育者可以刺激学生的爱国情怀，唤醒他们维护国家利益的责任意识。

随着互联网的普及和发展，网络新闻呈现出一种"泛娱乐化"的趋势，这种趋势对我国主流意识形态的话语权构成了严重冲击。在这种倾向中，娱乐被认为可以带动一切，媒体的存在就是为了娱乐。然而，这种观念忽略了媒体在传播主流意识形态、引导社会舆论中的重要作用。在网络世界中，严肃新闻往往很难占据热搜榜首。以2016年8月16日我国墨子号量子卫星发射成功为例，这一重大科技成就发布在微博、微信等社交平台上，关注度最高的却是国内一位明星的感情新闻。这种现象反映出网络媒介中的文化消费趋向，呈现出解构、颠覆、诋毁和自甘堕落的特征，表现为虚幻化、消费化和个人无政府主义倾向。这种倾向不仅威胁到我国社会的和谐稳定，也使得主流意识形态在网络空间中逐渐走向边缘，其地位受到了严重挑战。在这个意识形态互相争夺话语权的网络空间，我国的主流意识形态的地位无疑受到了冲击。为了应对这一挑战，我们需要引导大学生建立起科学的理性认知，认清网络舆论信息和多样化行为背后的实质，明确自身的舆论立场和行为选择。思想政治教育在此过程中起着至关重要的作用，它可以帮助大学生树立正确的世界观、价值观和人生观，从而抵御网络中的不良信息，坚守我国主流意识形态的阵地。为了维护我国主流意识形态的话语权，我们需要采取一系列措施。首先，加强网络新闻的监管，遏制"泛娱乐化"倾向的蔓延，让新闻回归其原本的功能，即传播真实、客观、有益的信息。其次，提升严肃新闻在网络中的传播地位，让广大网民更多地关注国家大事、民族振兴等具有重要意义的议题。最后，加强思想政治教育，培养大学生具备辨别是非、抵御诱惑的能力，从而在网络空间中坚守主流意识形态的阵地。

　　网络文化传播中的"低俗化"势头已经成为一个不容忽视的现象。在这个趋势中，大学生成了主要的受害者。为了更好地理解这一现象，我们需要深入探讨其背后的原因。网络文化作为一种大众文化，与精英文化形成了鲜明的对立。在大众传播兴起之前，文化活动的创造与消费主要由社会精英掌握。他们凭借着丰富的知识储备和独特的审美观念，为社会创造了大量具有价值的文化产品。然而，随着传播技术的进步，创造文化的权力开始向社会低阶层扩散。尤其在网络技术普及后，低俗信息愈演愈烈，逐渐形成了我们现在所熟知的网络文化。网络文化的低俗化倾向并非偶然，而是与社会变迁、传播技术的发展密切相关。然而，这并不意味着我们应该对这一现象听之任之。事实上，低俗化的网络文化给大学生带来了一系列负面影响。在面对"享乐至上"的不良社会风潮时，大学生应保持谨慎的态度。教育引导在这一过程中起着至关重要的作用。一方面，学校、家庭和社会应当加强对大学生的教育引导，使他们认清网络文化低俗化的危害。教育部门要积极推广网络素养教育，让大学生学会辨别网络中的优质文化与低俗信息，培养他们正确的价值观和世界观。另一方面，大学生自身也要提高警惕，防止沉迷于网络。在享受网络带来的便捷和娱乐的同时，要保持理智的头脑，避免被低俗信息所左右。尤其在当下，各种网络陷阱无处不在，大学生在沉迷网络时，可能成为别人的"猎物"。因此，提高警惕，自觉抵制低俗网络文化，成为每个大学生必须面对的课题。尼尔·波兹曼在《娱乐至死》中所提出的警示，如今在我国的大学生群体中似乎正在成为现实。波兹曼警告，如果一个民族分心于繁杂琐事，文化生活被重新定义为娱乐，严肃的公众对话变成幼稚的婴儿语言，人民蜕化为被动的受众，公共事务形同杂要，那么这个民族就会危在旦夕，文化灭亡的命运就在劫难逃。现如今，我们的大学生所处的网络空间，消费主义已经成为新的意识形态。在这个世俗化、充满物欲和感官诱惑的"消费世界"中，一些大学生开始迷失自我，对享乐生活方式产生盲目崇拜。他们沉浸在网络的虚拟世界，忽视了现实生活中的人生目标和责任。面对这样的现象，思想政治教育者肩负着重要的责任。他们需要教育和引导大学生认清网络与社会的真实，让他们明白，网络世界并非现实世界，不能完全依赖网络来认知世界。教育者需要帮助大学生明确和坚定他们的"初心"，使他们更加明确自己的上网意图，有效控制自己的网络行为，不致在网络世界迷失自我。在这个过程中，教育者要引导大学生认识到，他们的人生目标和价值观念不能被消费主义所左右。大学生应该明确自己的人生目标，追求真正的知识和智慧，而不是沉迷于网络世界的虚拟繁华。同时，教育者还需要引导大学生树立正确的价值观，让他们明白人生的意义并非仅仅在于物质的追求，而是在于精神的丰富和成长。

随着全球化的加速，网络空间已成为各国交流、碰撞、交锋的重要舞台。在这个舞台上，我国大学生需要警惕一种隐性的威胁——境外敌对势力利用网络空间对我国主流意识形态的攻击。这种攻击主要表现为三种负面之声。第一种是渗透分化企图颠覆。这种声音别有用心地以片面的事实为依据，否定我国社会主义制度的一切成果。他们试图通过贬低我们的成就，动摇大学生的信仰，进而分化我们的社会。第二种是不满改革发展进程中的矛盾与问题。他们抓住改革发展中的不足，放大矛盾，制造恐慌，企图让大学生对我国的发展道路失去信心。第三种是疑惑之声。他们利用大学生对未知事物的探究心理，宣扬各种疑惑和质疑，试图让大学生对我国主流意识形态产生怀疑。这些负面之声具有很强的煽动性。它们往往借助网络传播的特性，使其言论看似生动形象、有理有据。然而，大学生需要认清它们的本质：它们是境外敌对势力对我国主流意识形态的攻击，目的是动摇我们的信仰，破坏我们的社会稳定。面对这些负面之声，大学生应采取以下策略。首先，深刻认识这些声音的本质，不被其表面现象所迷惑。其次，坚定对我国主流意识形态的信仰，不受煽动情绪的影响。最后，积极参与网络空间的治理，用理性的声音回击负面之声，为构建一个健康、向上的网络环境贡献力量。

随着全球化的推进，我国大学生面临着境外敌对势力对社会主义意识形态的挑战。这些挑战不仅仅来自政治领域，更渗透在日常生活之中，如媒介技术、商品、文艺作品等。首先，让我们来看看媒介消费主义是如何通过符号消费对受众的生活提供指引及诱导的。在现代社会，媒介成为人们获取信息、娱乐的重要渠道。然而，这些媒介往往充斥着西方的价值观念和生活方式，潜移默化地影响着人们的消费观念。其次，人们在消费生活中更多关注的是商品的符号价值而非使用价值。在这个时代，商品不仅仅是一种实用工具，更是一种身份地位的象征。人们购买商品并非仅仅为了其使用价值，更多的是为了追求商品背后的符号价值。进一步来说，这些商品符号价值背后暗藏了西方的生活理念、价值观念。西方商品常常承载着其独特的生活方式和价值观念，而人们在购买这些商品时，也在无意中接受了这些价值观念。而这种价值观念的接受，更多的时候是在满足自己的自我角色的构建，满足自己的自恋情结。人们通过购买西方商品，来实现自我价值的提升，满足自我角色的构建。而这种以西方的价值观念来构建自我角色，实际上是对其高度的认同。最后，这种价值观的渗透，比之前的政治挑战更加牢固且无法阻挡。它悄无声息地影响着人们的日常生活，使其在不知不觉中接受并认同了西方的价值观念。

随着互联网的普及，信息传播的方式和速度发生了翻天覆地的变化，主流媒体在网络中的话语权面临着严峻的挑战。这种话语缺失的威胁，其后果严重，不容忽视。话语难以触及的地带，意味着权力失去了引导、掌控的意义和作用。在这个信息爆炸的时代，主流媒体如果不能有效地在网络中发声，就无法触及更广泛的人群，无法有效地传递信息和价值观，这无疑是对我国意识形态工作的一种削弱。习近平总书记深刻地认识到了这个问题，他强调要尽快掌握舆论战场上的主动权，防止被边缘化。这是我们必须正视的问题，也是我们必须解决的难题。在解决这个问题上，大学生可以发挥重要的作用。他们应该充分利用网络主体权利，选择主流意识形态的新闻和值得关注的话题。他们应该是积极在网络中传播正能量，扩大我国意识形态的影响力的一股重要力量。同时，也要意识到传播正能量并不是一句空洞的口号，而是关系到我国社会和谐稳定的重要任务。只有通过积极传播主流价值观，才能引导网络舆论，维护我国社会的和谐稳定。

第二节　大学生网络素养培育的时代价值

一、网络强国建设的时代呼唤

在当今世界正处于百年未有之大变局、信息化和数字化程度不断深化的时代背景下，网络已逐渐成为第五大主权空间，对世界发展格局产生着深远影响。网络空间不仅为国家间的交流合作提供了新的平台，也使得全球治理体系发生了变革。为了把握时代的主动权，世界各大国纷纷将信息化视为国家战略的重要方向，网络空间竞争日趋激烈，甚至已悄然打响战争。党的十八大以来，习近平总书记立足于"两个大局"的战略高度，对网信事业发展作出了一系列重要指导。他强调，我们要总体布局、统筹各方、创新发展，努力把我国建设成为网络强国。这一战略目标的提出，既顺应了时代发展的潮流，也回应了人民群众的热切期盼。建设网络强国，不仅有助于提高我国国民网络生活的幸福指数和安全系数，还符合人民对美好生活的向往和追求。在习近平总书记的指引下，我国网信事业取得了长足的发展，为广大网民创造了更加便捷、安全、清新的网络环境。在此基础上，我们还需持续推进网络强国建设，使之成为全面建设社会主义现代化国家的重要支柱。网络发展水平已成为衡量国家综合国力的关键要素之一。一个国家的网络实力，不仅关乎国内民众的生活品质，也直接影响国际地位。在国际竞争中，我国已逐渐从网络大国迈向网络强国。但我们仍需不断努力，提升我国在网络空间的全球竞争力，进一步提高国家综合实力，争取国际话语权，为构建人类命运共同体贡献力量。

网络强国是当今世界各国的竞争焦点之一。一个网络强国需要具备过硬的安全保障、顶尖的信息技术以及良好的网络生态。安全保障是网络强国的基础，顶尖的信息技术是其发展动力，而良好的网络生态则是其可持续发展的关键。我国正在从网络大国向网络强国迈进，这一过程离不开国家和政府的统筹规划。我国政府高度重视网络安全和信息技术发展，不断推出相关政策，加快网络强国建设。同时，网民的主动配合也是构建网络强国的重要因素。每一位网民都应具备良好的网络素养，遵守道德与法律准则，共同维护网络安全，为网络强国建设贡献力量。在构建和谐网络生态方面，网民的网络素养发挥着至关重要的作用。网络素养不仅关系到个人的网络行为和形象，更影响到整个网络空间的氛围和秩序。因此，提高网民的网络素养，构建文明、健康的网络环境，是推动网络强国建设的必然要求。在众多网民中，当代大学生是网络用户中最积极、最有生气的群体。他们具备较高的教育水平和文化素养，对于新兴事物具有强烈的探索精神。然而，当代大学生的思想成熟度、承受能力仍有待提高，容易受到不良信息的影响。因此，特别关注并培育当代大学生的网络素养显得尤为重要。

培育当代大学生网络素养是推动网络强国建设的重要任务。学校、家庭和社会应携手共同加强对大学生的网络素养教育，使他们成为具有正确价值观、良好道德品质和自觉守法意识的网络公民。同时，大学生自身也应主动提升网络素养，发挥自身优势，为我国网络强国建设贡献自己的力量。

总之，网络强国建设是一项系统性、全面性的工程，需要国家、政府、网民共同努力。当代大学生作为网络用户中的佼佼者，更应具备高度的网络素养，为构建和谐网络生态、推动我国从网络大国向网络强国迈进贡献自己的力量。让我们携手共进，为实现网络强国的梦想而努力。

二、培养时代新人的现实需要

青年群体在我国社会变革和历史进步中发挥着举足轻重的作用，他们是国家发展的鲜活力量，是我国社会前进的生力军。这个群体以敢为人先的精神风貌，为社会发展注入了源源不断的活力。青年群体的精神风貌主要体现在敢于作为、勇于作为和善于作为。他们敢于挑战权威，勇于突破自我，善于创新求变。这种精神风貌使他们成为推动社会进步的重要力量。在新时代，实现中华民族伟大复兴的中国梦离不开新时代的青年群体的接续奋斗。当代大学生作为青年群体中的佼佼者，应具备高远的理想、高尚的品格和高超的本领。他们是国家的未来，是民族的希望。然而，当前部分大学生因物质生活优渥、实践经历少，缺乏理想、欠缺本领，无法适应时代要求、应对时代挑战、担当时代责任。新时代有新的使命，我们需要培养担当民族复兴大任的时代新人。这要求我们高度重视大学生群体的培养，引导他们树立正确的世界观、人生观和价值观，教育他们具备扎实的专业知识和技能，锻炼他们面对困难和挑战的勇气和毅力。

在我国，事业兴衰关键在人，特别是年青一代的大学生。他们将成为担当民族复兴大任的时代新人，为国家的发展注入新的活力。然而，在当前的网络空间环境中，大学生的价值观念、审美情趣和精神世界的发展受到了一定的影响，制约了他们成为时代新人的步伐。因此，关注大学生网络行为样态，提升他们的网络素养显得至关重要。大学生网络素养的教育内容与时代新人的内涵高度一致。这意味着，通过培育大学生的网络素养，可以加深他们对网络技术的基本认知，增长知识见识，强化品德修养，提升应用网络的核心能力，增强综合素质。这不仅有利于大学生在网络环境中形成正确的价值观和审美情趣，也有利于他们更好地适应时代发展的需要。网络素养的培育是时代新人培养的重要组成部分。它关乎时代新人的培养质量，是培养时代新人的现实需要。只有当大学生具备了高尚的个人品格和关键素质，他们才能在网络环境中保持独立思考，积极拓展知识领域，塑造健全的人格，从而成为担当民族复兴大任的时代新人。为了实现这一目标，需要加强对大学生网络素养的培育。一方面，要通过系统的课程设计和丰富的实践活动，让大学生深入了解网络技术的基本原理和应用场景，提高他们的网络应用能力。另一方面，要加强网络素养教育，引导大学生树立正确的网络价值观，培养他们的网络素养。

总之，网络素养培育是时代新人培养的关键要素。只有当大学生具备了良好的网络素养，他们才能在网络环境中健康成长，为国家的发展贡献自己的力量。因此，我国应高度重视大学生网络素养的培育，努力培养一代具有高尚品格、丰富知识和强大能力的时代新人。

三、大学生自我发展的内在诉求

马克思认为人的发展是全面的发展，即人作为一个完整的人，占有自己的全面的本质。这一观点在社会实践和个体成长中具有重要意义，尤其是在我国这个世界第二大经济体中，社会生产能力空前提升，民生福祉愈加厚实，已实现全面建成小康社会的美好愿景。在这个大背景下，实现全面发展成为党和国家对大学生的期望，也是大学生自我实现的关键诉求。大学生作为国家未来的栋梁，需要具备全面的知识结构、综合素质和全面发展能力。然而，在网络技术飞速发展的时代，大学生面临着信息过载、价值观多元化等挑战，如何提升网络素养，以适应时代发展的需求，成为大学生全面发展的重要课题。网络素养的培育符合当代大学生的发展需求，回应了他们的关切。一方面，网络素养有助于大学生在信息海洋中进行有效筛选，获取有益的知识和信息，提升学习效率。另一方面，网络素养还能够培养大学生的创新能力、团队协作能力和自我管理能力，为他们的未来发展奠定坚实基础。此外，网络素养的培育还有助于大学生树立正确的价值观，增强辨别是非的能力，使他们能在网络世界中保持理智，不受虚假信息、不良诱惑的影响。同时，网络素养的提高还能够促进大学生的人际交往，拓宽他们的社交圈，为他们的全面发展创造有利条件。

（一）培育网络素养是当代大学生拥抱数字生活的内在诉求

随着互联网的普及和发展，数字生活已经成为我们日常生活中不可或缺的一部分。对于当代大学生来说，拥抱数字生活不仅是一种趋势，更是一种内在诉求。在这个过程中，培育良好的网络素养显得尤为重要。

首先，当代大学生适应网络学习需要良好的网络素养。在信息化时代，网络已经成为获取知识、提升自我、拓宽视野的重要途径。网络课程、在线图书馆、学术论坛等资源为大学生提供了丰富的学习机会。然而，网络信息的庞杂和不确定性也带来了一定的困扰。具备良好的网络素养的学生，能够有效地筛选和辨别网络信息，找到对自己有价值的资源。同时，他们还能够合理安排学习时间，避免沉迷于网络而导致学业荒废。因此，良好的网络素养是当代大学生适应网络学习、实现自我提升的必备条件。

其次，当代大学生适应网络交往需要良好的网络素养。网络社交平台已经成为大学生交流、交友、娱乐的重要场所。在这个过程中，网络素养的培养显得尤为重要。良好的网络素养可以帮助大学生树立正确的价值观，抵制网络谣言、网络诈骗等不良信息。此外，具备良好网络素养的大学生还能够理性表达观点，尊重他人，维护网络和谐氛围。在网络交往中，他们能够更好地保护自己的隐私，避免泄露个人信息，提高自我保护意识。因此，网络素养对于当代大学生在网络空间建立健康的人际关系具有重要意义。

总之，培育网络素养是当代大学生拥抱数字生活的内在诉求。良好的网络素养有助于他们更好地适应网络学习，获取知识，提升自我；同时，有助于他们在网络交往中建立健康的人际关系，实现个人成长。我国教育部门应高度重视大学生网络素养的培育，将其纳入教育教学体系，为广大青年提供一个健康、向上的数字生活环境。同时，大学生自身也要积极参与，自觉提升网络素养，为我们的数字生活注入更多的正能量。

（二）培育网络素养是引导大学生树立正确的网络价值观的内在诉求

在2018年5月2日，习近平总书记在北京大学考察时，对广大青年提出了"爱国、励志、求真、力行"的勉励。这不仅是对于青年一代的期望，更是对全社会发出的号召。在这样一个信息爆炸的自媒体时代，我们尤其需要关注大学生网络素养的培育，帮助他们树立正确的网络价值观，科学辨识网络信息。自媒体时代为大学生提供了一个广阔的学习空间，他们可以通过浏览网络信息和搜集网络知识，不断完善自我，并对世界、国家和社会的发展进步产生新的认识。然而，这也带来了一定的挑战。大学生在使用自媒体平台时，容易受到各种信息的影响，改变已有的思想和观念。在这个过程中，网络突发事件和网络道德失范的现象也时有发生。因此，提升大学生的网络素养显得尤为重要。我们需要引导他们树立正确的网络价值观，用正确的网络价值观指引人生航向。这意味着，在接触和使用自媒体平台时，他们应遵守网络道德规范、遵守法律法规，严于律己。同时，利用微信、微博等自媒体与他人沟通交流时，大学生应虚心接纳、认清自己，实现自我价值。总的来说，大学生网络素养的培育和提升是一项系统工程，需要我们全社会共同努力。让我们以习近平总书记的勉励为指引，助力青年一代在自媒体时代中健康成长，为实现中华民族伟大复兴的中国梦贡献力量。

（三）引导大学生文明上网

自媒体时代，网络成为大学生获取信息、拓展知识、发展自我的重要途径。在这个时代，大学生通过网络获得了全面发展的机会，无论是学术研究、社会实践还是文化交流，他们都能够借助网络便捷地获取所需资源。然而，随着自媒体平台的兴起，大学生面临着一个新的挑战：如何正确对待互联网和使用自媒体平台，以充分利用其优势，避免陷入网络泥潭。

自媒体平台集成了丰富的游戏娱乐功能，这使得部分自制力较弱的大学生容易沉迷其中。过度沉迷网络不仅会严重影响他们的学习和生活，还可能导致身心健康问题。因此，大学生在使用自媒体平台时，应当保持理智，明确自己的需求，将网络作为一个工具而非生活的全部。

面对自媒体时代的挑战，大学生应学会正确对待互联网。首先，他们应当明确上网的目的，将网络作为获取知识、提升自己的工具，而非单纯地消磨时间。其次，大学生应养成良好的上网习惯，合理安排时间，避免沉迷于游戏娱乐。此外，他们还应学会筛选网络信息，辨别真伪，避免受到不良信息的影响。

我国政府和社会各界高度重视青少年网络安全教育，积极引导大学生文明上网。通过开展网络安全宣传活动、举办网络素养培训班等方式，提高大学生的网络素养，帮助他们树立正确的价值观。在此基础上，自媒体平台也应承担起社会责任，加强对大学生的引导和关爱，为他们提供更多有益的学习资源和娱乐项目。

四、营造健康文明的网络环境

党的十八大以来，我国高度重视网络文明建设。以习近平同志为核心的党中央多次强调要加强网络文明建设，推进社会主义精神文明建设，提高社会文明程度。网络文明建设成了我国社会发展的重要方向。2021年9月，中共中央办公厅印发了《关于加强网络文明建设的意见》，为网络文明建设提供了明确的方向和指导。这份文件强调了网络文明建设的重要性，提出了网络文明建设的目标和任务，并对网络道德建设、网络文化建设、网络法治建设等方面进行了详细阐述。在网络文明建设中，自媒体平台起到了重要的作用。它们汇集了各类信息和思想，为大学生提供了丰富的知识资源，激发了学习兴趣和主动性，满足了他们对科学文化知识的需求。然而，自媒体平台也带来了一些负面影响。

当代大学生社会阅历较浅，价值判断和选择存在偏差，容易受到负面信息侵蚀。在自媒体平台上，一些大学生出现了道德失范现象，如转发负面信息、网络暴力、剽窃他人成果、侵犯他人隐私等。这些网络道德失范行为不仅不利于自媒体平台的建设，也严重影响着大学生的身心健康发展。针对这一现象，我国必须加强对网络文明建设的引导和规范。一方面，要加强网络道德教育，引导大学生树立正确的价值观，提高网络素养，自觉抵制负面信息。另一方面，要完善网络法律法规，严厉打击网络违法犯罪行为，维护网络秩序，保护公民合法权益。

同时，自媒体平台也应承担起社会责任，加强对平台内容的审核和管理，弘扬正能量，传播优秀文化，为大学生提供健康向上的网络环境。大学生自身也要自觉遵守网络道德规范，自觉抵制不良信息，积极参与网络文明建设，共同营造一个和谐、清朗的网络空间。

随着互联网的普及和自媒体平台的兴起，大学生成为这些平台的重要用户群体。他们年轻、活跃，具有强烈的求知欲和表达欲，对于营造健康文明的网络环境具有推动作用。然而，我们也不能忽视大学生网络道德失范行为的存在，这不仅对他们的个人成长造成负面影响，也对整个网络环境产生不良影响。大学生网络道德失范行为的原因是多方面的。首先，自媒体平台的内容丰富多样，但其中也包含了大量低俗、暴力、色情等不良信息，这些信息对大学生的价值观和道德观产生冲击。其次，大学生自身的心理素质和鉴别能力不同，有些人可能因为好奇心、从众心理等原因，参与到不良信息的传播和制造中。最后，现有的网络监管机制尚不完善，对网络道德失范行为的打击和惩处力度不够，使得一些大学生对此类行为抱有侥幸心理。为了改善大学生网络道德失范现象，我们需要有针对性地培育大学生的网络素养和规范网络行为。学校、家庭和社会应共同发挥作用，加强大学生的网络道德教育，引导他们树立正确的价值观，提高鉴别不良信息的能力。同时，完善网络监管机制，加大对网络道德失范行为的打击力度，让大学生认识到网络行为也要遵循道德和法律规范。有针对性地培育大学生网络素养和规范网络行为，不仅有利于自媒体平台传播正面信息，还能减少网络道德失范现象，营造健康文明的网络环境。为此，各方应共同努力，为大学生创造一个绿色、健康的网络空间，让他们在享受网络带来的便利和乐趣的同时，也能养成良好的网络素养，为我国网络环境的改善贡献力量。

总之，大学生作为自媒体平台的重要用户群体，其网络道德失范问题不容忽视。我们要深入分析原因，有针对性地培育大学生的网络素养和规范网络行为，共同营造健康文明的网络环境。这不仅有助于大学生个人成长，也有利于整个网络环境的优化和提升。

五、有利于高校道德教育体系的建设

在当今社会，网络已经成为人们生活的重要组成部分，对于高校大学生而言，网络更是获取知识、交流思想、展示自我的重要平台。然而，网络环境的复杂性和信息传播的随意性也使得大学生在网络中的行为面临着诸多风险。因此，习近平总书记多次强调，高校应以立德树人作为根本任务，这其中，培育大学生良好的网络素养显得尤为重要。

（一）有利于"三全育人"模式的构建

"三全育人"模式是我国教育的重要组成部分，它包含了全员、全过程和全方位育人，这三个方面构成了一个有机的统一整体，相互促进，共同推动教育事业的发展。首先，我们来理解"全员"育人。这并不意味着教育的主体仅仅局限于教师，而是扩展到了大学生本身，甚至是所有使用自媒体的人。在现代社会，大学生不再是被动的受教育者，他们也成为教育的参与者，他们可以通过自我学习、互动交流等方式，实现自我教育。此外，自媒体的使用者也成了教育的主体，他们可以通过发布、传播有价值的信息，对大学生进行教育。其次，"全程"育人要求教育要遵循教育规律和大学生成长的规律，贯穿于学习生活的全过程。这意味着教育不是阶段性的事件，而是持续性的过程。教育要适应大学生的不同阶段，提供适合他们的教育内容，帮助他们健康成长。再次，"全方位"育人要求充分利用校内校外、线上线下的优势，发挥网络育人的独特优势。这是对传统教育模式的一种突破，充分利用现代科技手段，提供更加丰富、多样的教育方式。线上教育可以突破地域限制，提供更加广泛的教育资源；线下教育可以提供更加直观、生动的学习体验。最后，自媒体时代培育大学生良好的网络素养，是对"三全育人"理念、内容和手段的促进与提升。网络素养是现代社会必备的一种能力，大学生通过自媒体平台，可以提升自己的信息获取、分析、传播的能力，同时，也可以增强自己的思辨能力、创新能力和协作能力。

（二）有利于高校思想政治工作的实施

在自媒体时代，大学生网络素养的培育已经成为大学生思想政治教育的重要内容，同时也是高校思想政治工作的重要任务。这是一个全新的挑战，也是一个充满机遇的过程。大学生网络素养的培育涉及教育学、心理学和社会学等多个领域，这些领域不仅是大学生网络素养培育的理论基础，更是高校思想政治工作的新生长点。在这个领域中，我们可以深入探讨和研究大学生网络素养的培育策略和方法，从而更好地推动高校思想政治工作的开展。探讨如何在自媒体时代培育大学生网络素养，是当前高校思想政治工作的一个前沿领域。在这个领域中，我们可以从多个角度出发，如教育学、心理学和社会学等，来研究如何提高大学生的网络素养，如何让他们在网络世界中做出正确的判断和选择。自媒体时代培育大学生网络素养，不仅有利于多个学科的结合，丰富大学生的知识体系，更有利于促进教育的各个学科的联系更加紧密。在这个过程中，大学生可以更好地理解网络世界的特点和规律，提高他们的网络素养，从而更好地应对网络时代的挑战。

加强自媒体时代大学生网络素养的培育，开创思想政治教育与教学实践相融合的新局面，有利于优化思想政治工作的内容、创新工作方法、扩大工作的覆盖范围。在这个过程中，我们可以将网络素养的培育融入日常的教学实践，让大学生在潜移默化中提高他们的网络素养。

第三章

大学生网络素养培育的机遇与困境

第一节　大学生网络素养培育的机遇

一、当代大学生具有较高的网络安全意识

随着我国互联网基础设施的全面覆盖，网络强国建设取得了划时代的进步。据相关数据显示，90%以上的新时代大学生可以随时随地上网，这无疑为他们的学习、生活和工作带来了极大的便利。然而，与此同时，网络安全问题日益突出，对新时代大学生的网络环境安全认知提出了严峻的挑战。在众多网络安全问题中，网络黑客和恶意病毒的攻击尤为值得关注。令人欣慰的是，60%以上的新时代大学生从未遭受过此类攻击，这显示出我国严厉打击网络违法犯罪行为的成效。这得益于我国政府采取的一系列有力措施，包括加强网络安全法律法规的制定和实施，加大对网络犯罪的打击力度，以及提升广大网民的网络安全意识。

尽管如此，仍有一部分大学生面临着网络安全风险。针对个人隐私安全保护，新时代大学生需要提高自我保护意识。他们应当学会正确使用网络，遵守网络素养规范，不轻信网络谣言，避免泄露个人信息。此外，国家也应继续加大对网络犯罪的打击力度，切实保障广大网民的合法权益。

随着互联网的普及和在线交易的飞速发展，网络消费已成为我们日常生活中不可或缺的一部分。然而，网络消费的安全问题也日益引起了人们的关注。据一项针对大学生的调查显示，60%的大学生自己或身边的朋友

未曾因网上消费等造成财务损失，这无疑给人带来了不小的惊喜。这份调查结果反映出我国网络安全防范风险意识的不断提高，增强了网络安全的防御力和威慑力。

在新时代大学生中，这种防范意识表现得尤为明显。他们不仅自己注重网络安全，还会积极向周围的人传播网络安全知识，提高大家的防范意识。这种做法无疑为构建安全、健康的网络环境打下了坚实的基础。在此基础上，我国网络安全防范工作取得了显著成果，更好地维护了广大人民群众的合法权益。

调查还显示，接近70%的大学生评价我国网络环境是安全的。这一数据充分说明，我国在网络安全防范方面已取得了显著成效。这离不开政府部门、企业和社会各界的高度重视和共同努力。在国家层面，我国出台了一系列法律法规，加强对网络安全的监管，严厉打击网络违法犯罪活动；企业也纷纷加大技术研发投入，提升网络安全防护能力；广大网民则不断提高自身安全意识，共同维护网络空间的和谐稳定。

然而，虽然取得了这些成果，我们仍需清醒地看到，网络安全防范依然任重道远。一些不法分子不断翻新手段，利用网络实施诈骗、侵犯个人信息等犯罪活动。因此，我们还需继续加强网络安全防范工作，提高全民安全意识，共同筑牢网络安全防线。

随着科技的飞速发展，互联网已成为我们日常生活中不可或缺的一部分。新时代大学生作为网络的使用者，他们对电脑安全的认知如何？他们如何看待网络信息的共享与知识产权保护？据相关调查显示，近60%的新时代大学生对自己的电脑安全存在风险有清晰认识。这表明，他们在使用电脑的过程中，能够充分意识到网络安全的重要性。在此基础上，他们运用自己所学的知识，通过阅读隐私保护协议、设置综合型密码等方式保护个人隐私。这显示出新时代大学生具有较强的网络安全意识。

此外，习近平总书记曾强调："保护知识产权，就是保护创新这一引领发展的第一动力。"新时代大学生高度认同这一观点，他们深知知识产权对于创新和发展具有重要意义。在此基础上，他们对网络信息具有知识产权的观点表示认同，这进一步体现了新时代大学生对知识产权保护的重视。然而，在网络资源共享问题上，超过50%的新时代大学生不同意"任何资源在网络上都应该共享"的观点。这表明，他们在充分认识到网络安全和知识产权保护的重要性后，开始思考网络资源共享的合理性和平衡性。这反映出新时代大学生在对待网络资源共享问题上，具有独立思考和辨别能力。

综上所述，新时代大学生具有较强的网络安全意识，他们能够在保护个人隐私的同时，充分认识到知识产权保护的重要性。在网络资源共享问题上，他们能够理性地分析和思考，以寻求网络安全、知识产权保护和网络资源共享之间的平衡。这正是新时代大学生在网络时代背景下，展现出的新风貌和新担当。

在未来，新时代大学生应继续加强对网络安全和知识产权保护的认识，积极参与网络空间的治理，为构建一个安全、健康的网络环境贡献自己的力量。同时，他们还需在实践活动中不断丰富自己的知识储备，提高自己的综合素质，以适应新时代的发展需求。

二、当代大学生能够充分利用网络获取正确的信息资源

互联网已经成为现代社会不可或缺的一部分，对于大学生来说，互联网的四大基本功能更是贯穿在日常生活和学习科研中。这四大功能分别是信息获取、沟通交流、休闲娱乐和网络消费。除此之外，大学生还将互联网视为学习科研的重要工具。

据相关调查，高达九成的大学生赞同"从网络中筛选出符合自己需要的信息"的观点。这表明大学生对互联网信息的筛选和辨别能力较强，能够根据自己的需求获取有效信息。在大学生日常的网络使用行为中，有

60%以上的人偶尔使用"高级检索"功能，而经常使用的占比10%左右。这一数据反映出大学生在网络信息获取方面具有一定的专业性和深度。网络信息的理解能力是网络素养的重要组成部分。据相关调查显示，60%以上的大学生认为自己在网络信息的理解能力上表现良好。这也意味着大部分大学生能够准确理解网络信息，具备较好的网络素养。

在信息的选择准确性方面，大学生整体水平较好。这说明他们在面对海量网络信息时，能够作出明智的选择，避免陷入信息过载的困境。此外，上网主要目的在男女大学生之间存在明显差异。女生主要用于微信、QQ等沟通交流工具，以及网上购物。相比之下，男生更关注新闻时事，同时在学习查阅资料和娱乐休闲方面也多于女生。这种差异反映出性别在网络使用行为上的不同需求和偏好。

随着互联网的普及，网络已经成为大学生解决学习中遇到的问题的重要途径。据一项调查显示，当代大学生在解决学习中遇到的问题时，最常用的网络途径是"网络与老师、同学交流"（35%）和"搜索引擎"（32%）。这两大途径占据了大学生解决问题方式的主导地位，显示出大学生善于利用网络社交功能和信息检索功能来辅助学习。此外，选择通过"专业学习网站"解决问题的大学生占比为17%，而"学术期刊网"和"下载观看相关网络视频"的占比各为6%。这表明，一部分大学生已经开始注重专业学习和学术研究，通过查阅学术期刊和观看专业视频来提升自己的学术素养。然而，值得注意的是，仅有1%的大学生会选择"发帖求助"，其他途径占比为0.7%。这可能说明，大学生在遇到问题时，更倾向于私下寻求帮助，或者利用已有资源自行解决问题，较少公开寻求帮助。

在获取信息的渠道方面，微信、微博、抖音等社交媒体使用最频繁，较少使用门户网站、贴吧、论坛等。这一现象反映出大学生在信息获取方面更倾向于使用轻松、便捷的社交媒体。

据相关数据显示，60%的大学生选择使用搜索引擎作为获取学习信息的主要途径；55%的大学生选择以搜索引擎为主，配合使用图书馆资源。这表明，搜索引擎在大学生获取学习信息中发挥着重要作用。其他获取学习信息的途径依次为图书馆数据库（50%）、政府官方网站、综合服务网站（45%）、图书馆资源为主配合使用搜索引擎（41%）、贴吧及论坛（39%）、相关专家学者的微博（36%）。这些数据表明，新时代大学生具备从网络中筛选正确信息的能力，他们能够多元化地获取学习资源，同时注重权威性和实用性。

此外，有调查还发现，男生通过发帖求助的比例高于女生，这可能与男女在解决问题方式上的差异有关。总体来看，当代大学生在解决学习问题时，善于运用网络资源，具备较强的信息检索和筛选能力。

互联网已经成为大学生学习的重要辅助工具。在遇到问题时，他们能够灵活运用各种网络途径，包括与老师、同学交流，使用搜索引擎、查阅学术期刊等，以获取所需信息。这既体现了大学生对网络资源的充分利用，也显示出他们具备良好的信息素养和自主学习能力。

三、当代大学生对网络信息具有较强的独立理性判断能力

随着科技的飞速发展，网络已经成为新时代大学生生活中不可或缺的一部分。调查显示，他们对网络持开放和积极接受的态度，普遍认识到网络在生活中的重要性，认可网络是一种工具和媒介，也认可学习信息技术的重要性。这反映出我国新时代大学生具备积极的网络素养，能够理性地看待和评价网络的作用。

网络素养是一种综合能力，包括对网络信息的筛选、分析、理解、评估，对网络信息具有一定的思辨反应能力。在对网络重要性的评价上，大学生的表现是理性的。据调查，47%的大学生基本同意"网络是寻求解决问题的重要途径"的观点，31%的大学生同意此观点。这表明，绝大多数

大学生能够认识到网络在解决问题过程中的重要作用。

然而，网络信息的真实性一直是困扰大学生的一大问题。根据一项调查结果显示，61%的大学生认为网络信息半真半假。这说明，大学生在接触和处理网络信息时，具有一定的辨别能力。在使用网络信息时，40%的大学生可以根据自己的理解发表意见，27.14%的大学生能够灵活运用搜索的信息为己所需。这反映出新时代大学生能够分辨出网络信息的真实性，并在此基础上加以利用。

随着互联网的普及，网络已经成为现代大学生获取信息的重要途径。然而，网络中的信息真伪混杂，不良信息泛滥，对大学生的价值观和心理健康构成威胁。在这样的背景下，我国新时代大学生在处理网络信息时，展现出了较高的自我保护意识和辨别能力。据一项针对新时代大学生的调查显示，接近四成的学生基本同意"网络热点问题要有自己的独立思考"和"能够使用保护软件预防不良信息的侵害"的观点。这表明，大部分大学生已经认识到，在网络环境中，独立思考和自我保护的重要性。在处理网络热点事件时，68%的大学生首选先辨真伪。这一数据说明，大学生在面对网络信息时，能够保持清醒的头脑，不轻易相信未经证实的信息。这种谨慎的态度，有助于他们形成理性判断，避免受到虚假信息的误导。进一步的调查结果显示，男大学生的独立思考和辨别是非能力略高于女生。这可能与男女生在性格、兴趣爱好、社会经验等方面的差异有关。但总体来看，这一结果反映出我国大学生在网络信息处理方面的成熟态度。值得一提的是，大学生对网络信息抱有谨慎态度，表明他们在处理信息的方式上较为成熟。这种成熟表现在他们能够独立思考，不盲从舆论，从而避免受到不良信息的侵害。谨慎处理网络信息，不仅有助于大学生形成理性判断，还能培养他们的独立思考能力和辨别是非的能力。

总之，在新时代背景下，我国大学生在处理网络信息时，表现出较高的自我保护意识和辨别能力。他们能够运用独立思考、辨别真伪等方法，避免受到不良信息的侵害。这种成熟的态度，有利于他们在网络环境中形成理性判断，培养不盲从的意识。然而，仍有部分大学生在网络信息处理方面存在不足，需要进一步加强教育和引导。只有这样，才能让更多大学生在网络环境中健康成长，为国家的发展贡献力量。

四、当代大学生网络表达积极性较高

随着新时代的来临，我国大学生在网络空间的参与度不断攀升。他们关注并积极参与各类热点话题，如"两会""高校毕业生就业"等，展现出新时代大学生的爱国主义精神和社会责任感。在众多热点问题中，大学生对民生问题的关注度逐渐扩大加深。他们通过建言献策，为国家社会发展贡献自己的力量。这不仅体现了大学生关心国家大事的热情，也反映出他们对民生福祉的重视。大学生参与社会事务的讨论积极性同样较高。他们在关注学习生活的同时，还将目光投向教育、征兵、卫生等涉及社会生活的各个方面。这表明大学生已逐渐成长为一个具有广泛社会参与意识的群体，他们关心国家和社会的发展，愿意为国家的繁荣昌盛贡献自己的一份力量。在征兵问题上，部分大学生关注我国的征兵工作，支持一年两次征兵两次退役的政策。他们认为这一政策有助于提高我国军队的文化素质，为国防事业注入新的活力。还有部分大学生将目光投向家乡的脱贫攻坚工作。他们期望在两会上能看到更多关于脱贫攻坚的举措，关注如何啃下"硬骨头"、完成"加试题"，以及如何让扶贫干部无后顾之忧地投入脱贫攻坚工作。值得一提的是，有的大学生通过实地考察，用照片和视频记录脱贫攻坚的落实过程。他们深入基层，了解百姓需求，对脱贫攻坚工作有了更深入的了解和感受。这种亲身体验使他们更加坚定地支持国家的扶贫政策，为全面建设社会主义现代化国家贡献自己的一份力量。

随着我国高等教育的深入推进，大学生群体对于社会问题的关注也在不断发生变化。一项针对大学生关注问题的调查研究发现，不同年级的大学生关注的问题存在一定的差异，这些问题涵盖了就业创业、住房等多个领域。一方面，随着年级的增高，大学生们越来越关注实际问题。一年级的学生往往关注较为基础的学习和生活问题，而随着年级的上升，他们开始将目光投向更为现实的问题，如就业创业和住房等。这些问题不仅关系到他们的未来，也是社会发展的关键所在。不难看出，大学生们在逐步走向社会的过程中，对现实问题的关注程度也在不断提高。另一方面，随着年龄的增长，大学生们对师德师风建设、网络信息安全等问题的关注也在逐渐提高。这说明，他们在学术研究、社交活动等方面越来越注重道德品质和网络安全。这也反映出我国高等教育在培养学生的道德素质和网络安全意识方面取得了积极的成果。值得注意的是，遭受过网络诈骗的学生更加关注相关法律法规的制定。这表明，他们在遭受网络诈骗后，对法律法规的认识有了明显提升，希望通过加强法律法规的建设来保护自己的权益。此外，随着高校教育的深入和学生社会经验的积累，大学生们的网络信息安全意识也在不断增强。他们在日常生活中更加注重保护个人隐私，避免遭受网络攻击。这一点从他们对网络信息安全问题的关注程度便可窥见一斑。

总之，随着年级的上升和社交范围的扩大，大学生们对各类社会问题的关注程度不断提高。在这个过程中，他们不仅关注个人发展，还关注社会现象和法律法规。这无疑将有助于他们更好地适应社会，为国家的发展做出贡献。同时，高校和社会各界也应继续关注大学生的成长需求，为他们提供更多的帮助和支持。新时代大学生关注国家大事，积极参与社会事务，展现出强烈的爱国主义精神和社会责任感。他们关注民生问题，为国家社会发展建言献策，关注国防建设和脱贫攻坚工作。这些表现都充分证明，新时代的大学生已逐渐成长为一个具有高度社会责任感和积极参与意识的群体，他们将为国家的繁荣昌盛和人民的幸福生活贡献力量。

五、自媒体创新了大学生网络素养培育的载体

自2010年起，我国自媒体行业迎来了快速发展的黄金时期。据最新数据显示，截至2021年12月，我国网民规模已高达10.32亿，互联网普及率也达到了73%。这些庞大的数字背后，揭示了我国自媒体时代的全面来临。在众多的自媒体平台中，微博的热度始终居高不下。据了解，2021年上半年，微博热搜社会热点占比从31%提升到36%，垂直热点占比也从35%提升到38%。而这些热搜的用户年龄大多分布在19岁至29岁，显示出年轻人群体在自媒体世界中的活跃程度。此外，短视频平台快手的表现也相当亮眼。截至2021年三季度末，快手应用的平均日活跃用户已达3.204亿，互关对数超过140亿。这些数据充分展示了快手在自媒体领域的影响力。同样值得关注的是，抖音在大学生群体中的普及程度。截至2020年12月31日，抖音在校大学生用户超过2600万，占全国在校大学生总数的近80%。而在大学生视频创作方面，播放量更是高达311万亿次，反映出大学生在抖音平台上的创作热情。总的来看，我国自媒体的发展势头强劲，特别是微博、快手和抖音等平台在广大用户中具有极高的影响力。在这个过程中，年轻人成了主要参与者，他们用文字、图片、视频等形式，记录生活、表达观点、传播思想，推动了自媒体内容的丰富和创新。未来，随着互联网的不断普及和技术的持续进步，我国自媒体行业还将迎来更多的发展机遇。而各大平台也需不断创新和优化，以满足用户多样化需求，助力自媒体行业迈向新的高峰。同时，我们也要关注到自媒体所带来的社会影响，加强对不良信息的监管，让自媒体成为传播正能量的载体。在这个自媒体时代，每一个人都可以成为一个独立的传播节点，让信息传递得更远、更快。让我们共同期待，我国自媒体行业的美好未来。

随着科技的飞速发展，自媒体已经渗透到了我们生活的方方面面。尤其是在大学校园中，自媒体的快速发展为大学生的网络学习提供了全新

的载体。这些载体主要包括微信、微博、抖音和快手等平台，它们成为大学生获取知识、了解世界的重要途径。手机作为现代大学生学习生活的必需品，使得他们可以随时随地、方便快捷地获取新闻和信息。通过手机登录自媒体平台，大学生可以足不出户掌握世界、国家和各个地域的动态和新闻。这不仅极大地拓宽了他们的视野，也使他们更加关注社会、关注时事，提高了自身的综合素质。在自媒体时代，大学生可以利用碎片化时间进行学习，使获取的知识和信息量远超传统媒体和传统教育。这种学习方式不仅提高了学习效率，而且使他们在忙碌的学习生活中找到了适合自己的学习方式。从而，他们在不断充实自己的知识体系，为将来的职业生涯打下坚实基础。此外，自媒体的发展也为大学生带来了教育方式的变革。从传统课堂教育转为微课教育，为大学生提供了更方便的知识获取途径，突破了时空限制。这种教育方式不仅激发了学生的学习兴趣，还创造了在线交流、研究和探讨学术问题的机会，使学术氛围更加浓厚。自媒体的发展为大学生提升网络认知能力和操作能力创造了条件。他们在接触和使用自媒体的过程中，不断地提高自己的信息筛选、分析和判断能力，从而在信息爆炸的时代中保持独立思考的能力。同时，自媒体的操作也使他们在实践中掌握了各种技能，为未来的发展奠定了基础。

自媒体平台在当今社会发挥着越来越重要的作用，特别是在教育领域，为大学生提供了丰富多样的学习资源和便捷的学习方式。这些平台充分利用信息技术，将传统教育与现代化手段相结合，以大学生喜闻乐见的形式开展教育，激发了他们的学习积极性和主动性，从而提高了教育效果。

首先，自媒体平台实现了资源的共享，使大学生可以随时随地获取所需的学习资料。这不仅方便了学生学习，也极大地提高了学习效率。其次，通过将信息技术与传统教育相结合，自媒体平台以大学生喜欢的方式开展教育，让他们在轻松愉快的氛围中吸收知识，增强学习兴趣。此外，自媒体平台还为大学生的心理健康教育和正确的世界观、人生观、价值观的培养提供了新方式。例如，一些自媒体作品通过讲述感人至深的故事，展现了我国共产党人的风雨历程，提醒大学生铭记历史，不忘初心，坚定奋斗目标。这种形式深受大学生喜爱，有助于他们在心理健康的成长过程中，树立正确的人生观、价值观。与此同时，自媒体平台为大学生提供了丰富的艺术欣赏和审美体验。短视频、电影剪辑等形式的作品让他们在忙碌的学习之余，能够放松心情，拓宽视野。这些作品既丰富了大学生的校园生活，也培养了他们的审美能力和人文素养。

在未来，自媒体平台将继续发挥其优势，为大学生提供更多优质的教育资源，助力我国高等教育的发展。同时，大学生也应合理利用自媒体平台，充实自己的学习生活，培养自己的综合素质，为实现中华民族伟大复兴的中国梦贡献力量。

第二节　大学生网络素养现状

一、大学生网络失范现象频发

网络流行语是当代年青一代的特殊文化符号，它们以独特的形式和含义，彰显了这一代人的个性和价值观。然而，随着网络的普及和信息的爆炸，我们在接纳这些生动、有趣的网络流行语的同时，也遭遇了一个尴尬的现象——网络用语贫乏。这种现象的出现，主要是因为网络流行语的过度使用和重复，导致我们的语言表达变得越来越单一和贫乏。有人甚至将其称为"失语症"，这种症状在日常交流中表现得尤为明显，它削弱了大学生的语言表达能力。"失语症"使得大学生们在表达自己的想法和情感时，往往仅擅长使用字符和简单口语，而无法运用复杂的修辞手法。这种情况不仅限制了他们的表达能力，也影响了他们的思维深度和广度。为了应对这种情况，我国的一些论坛和豆瓣小组纷纷成立了特殊组织——"文字失语者互助联盟"。这个联盟的目的是帮助人们重新找回文字的魅力，学会使用合适的文字正确表达个人的情绪和逻辑观点。在这个联盟中，成员们会分享自己的文字创作，互相学习和鼓励，以提高自己的语言表达能力。他们相信，只有通过不断努力和实践，才能摆脱"失语症"的困扰，真正成为一名优秀的文字表达者。

网络谣言一直是社会舆论关注的热点问题。据一项研究发现，网络谣言中，杜撰编造的信息占比高达43%，虚假权威信息占比为9%，解读错误为33%，旧谣新传类型比例为15%。这些数据揭示了网络谣言的严重性，也提醒我们要提高辨别信息真实性的能力。造谣传谣的出发点多种多样，主要包括贩卖焦虑、满足虚荣心和迷信黑科技。这些出发点反映出一些人在网络传播过程中的不良心态，也为网络谣言的滋生提供了土壤。例如，一些人为了引起关注，故意制造和传播虚假信息，贩卖焦虑，以此来满足自己的虚荣心。另外，一些人对于黑科技的迷信，也使得一些谣言得以在网络上传播。同时，研究发现，青年大学生使用社交媒体每增加一小时，患上抑郁症或焦虑症的概率会增加0.66个单位。这无疑为我们敲响了警钟，过量的信息摄入且无法消化，对年轻人的心理健康构成了威胁。信息爆炸的时代，我们需要提高自己的信息素养，学会筛选和辨别信息，避免被谣言所影响。进一步研究发现，大学生社交障碍的主要隐患包括：攀比他人展示的奢华情境导致的自尊心挫败，以及受到经常散布悲观情绪的网友影响。这表明，社交媒体的使用不仅可能导致心理健康问题，还可能影响到个体的社交行为。

网络暴力是一个全球性的问题，其产生是由于非合理使用网络技术所带来的负面影响。这种现象在全球范围内日益严重，特别是在我国，其中大学生群体成了主要受害者之一。根据研究，大学生自我防御意识较强，相比其他年龄群体，他们更易被激怒，从而导致网络暴力的发生。此外，部分大学生对异类信息的接受程度较低，这也是网络暴力事件频发的一个重要原因。在这种情况下，我们需要警惕"群体极化"现象的出现。网络暴力容易使群体陷入极端情绪，进一步加剧矛盾和对立，从而导致更多不合理的行为。据美国教育发展中心数据显示，随着手机的普及，校园网络霸凌现象的比例已增加至33.65%。这充分说明了网络暴力问题的严重性。在我国，近三成青年学生遭受过网络辱骂，网络暴力问题已引起学校和社会的高度关注。

二、大学生网络学习能力不足

随着互联网的普及，大学生在学术研究和知识学习方面的习惯也发生了一系列变化。有研究发现，大部分大学生在寻找学术资源时，往往首先想到的是使用"度娘"。这一搜索引擎在我国拥有庞大的用户群体，但其权威性和学术性却备受质疑。另一方面，大学生对于具有学术性的网站资源却了解不足，这使得他们在获取学术信息时存在很大的局限性。此外，在网络知识学习方面，大学生呈现出浅层化和碎片化的趋势。由于现代社会信息爆炸，许多人选择通过碎片化的方式获取知识，如手机APP、社交媒体等。然而，这种方式容易导致知识的理解和内化不足，使得大学生在学术研究中的深度和广度受到影响。同时，大学生普遍存在"隐私悖论"现象。在社交软件或网络交往中，他们在担心个人隐私泄露的同时，却不会采取有效措施保护自己的隐私。这主要是因为他们在享受网络社交带来的便利的同时，忽视了隐私保护的重要性。尽管多次传出信息泄露的事件，但他们依然我行我素，暴露出网络素养的缺失。更为有趣的是，尽管面临信息泄露的风险，大学生依然持续在各个平台发布信息。调查发现，他们主要目的是寻求关注，希望通过发布个人信息、观点和动态来吸引他人的注意力。这种现象反映出大学生在网络社交中的心态，也揭示了他们在网络环境下对个人隐私的矛盾心理。

三、部分大学生易沉迷于网络

随着互联网的普及和科技的飞速发展，新时代的大学生们几乎都在网络的世界中度过了长达7.128年的时光。然而，令人惊讶的是，他们每日平均上网时间竟然高达6.572小时。这个数字相当惊人，它意味着大学生们将大部分的日常生活都投入到了网络世界中。然而，值得注意的是，这些在网络上的时间，只有25%—50%被用于网络学习。这意味着，剩下的时间，他们可能在进行社交互动、娱乐休闲或者其他非学习相关的活动。这也反映出网络世界的巨大诱惑力，以及大学生在面对网络时所面临的挑战。每天，大学生们都在频繁地触网，包括线上课程和与线下相结合的社会实践活动。网络世界的便捷性和无限可能性使得学生们可以在任何时间、任何地点进行学习，这是以往任何时代都无法比拟的。然而，网络信息的海量性和碎片化特性，也使得大学生在选择信息时可能遇到困难。如果选择能力稍弱，大学生可能在信息中迷失方向。他们在网络世界中浏览着海量的信息，却无法有效地吸收和利用。这对于他们的学习和生活都带来了巨大的影响。更为严重的是，由于对网络信息的认知不清晰，大学生沉迷网络的现象较为普遍。这一现象的出现，无疑对我国的教育事业和社会的发展造成了重大的影响。因此，针对这一现象，我们需要进行进一步的调查和分析。我们急需找出大学生在网络世界中的行为模式，以便更好地引导他们正确使用网络，提高他们的信息素养，使他们能够在网络世界中获取有用的知识，而不仅仅是沉迷于其中的娱乐和休闲。

如今网络已经成为大学生日常生活和学习的重要组成部分。然而，据调查显示，大部分大学生在上网时并没有明确的目标，容易受到网络内容的干扰，甚至导致网络成瘾现象的出现。这种情况的出现，无疑是对大学生网络素养的严峻考验。据一项针对大学生的调查数据显示，高达88.19%的大学生认为大学生沉迷网络的现象十分普遍，这充分反映了我国大学生网络素养的缺乏。在没有明确目标的上网过程中，大学生们很容易受到网络内容的吸引，从而陷入沉迷的状态。

而导致大学生沉迷网络的主要原因可以归纳为三个方面：自身原因、网络内容吸引人和社会环境。首先，大学生正处于人生的关键时期，自我控制能力相对较弱，容易受到网络的诱惑。其次，网络内容的丰富多样，尤其是游戏类APP的数量众多，使得大学生在网络世界中容易找到自己的兴趣所在，从而沉迷其中。最后，社会环境的压力也是大学生沉迷网络的一个重要原因，例如学习压力、人际关系等。据《中国互联网发展报告2020》显示，我国游戏类APP数量繁多，导致沉迷网络游戏的大学生越来越多。这种情况无疑对大学生的学业和身心健康造成了严重的影响。因此，大学生沉迷网络的问题亟待引起社会、高校和家庭的重视。首先，社会应该加强对网络环境的监管，净化网络内容，减少不良信息的传播。其次，高校应该加强网络教育，提高大学生的网络素养，帮助他们树立正确的网络观念。最后，家庭应该加强对大学生的关爱和引导，帮助他们建立健康的生活方式。

据一项调查显示，我国大学生中对网络沟通和现实人际沟通的认知存在一定的误区。调查结果显示，高达58.19%的大学生认为"网络沟通比现实的人际沟通更重要"。这一数据反映出当代大学生对网络和人际沟通的理解存在偏差，亟待引导和纠正。社会现象如"只需要一台电脑，就能坐在家里赚钱"、网购的日常化、网恋闪婚等，这些现象在一定程度上也对大学生树立正确三观产生了影响。他们容易过于依赖网络，忽视现实生活中的人际沟通，从而导致人际关系的疏远和个人社交能力的下降。这种认知误区不仅影响了大学生在现实生活中的交流和发展，也使他们在网络世界中容易受到虚假信息、网络欺诈等问题的侵害。这些误区的出现说明大学生网络素养有待提高。网络素养不仅包括对网络技术的掌握和应用，还包括网络道德、网络安全等方面的素养。只有具备较高的网络素养，大学生才能在网络世界中做出正确的判断和选择，避免受到不良信息的影响。当前，网络素养已成为影响大学生日常生活的重要因素，直接关系到他们的成长和发展。针对这一现状，对新时代大学生进行网络素养的培育变得迫在眉睫。学校、家庭和社会应共同承担起培养大学生网络素养的责任，加强对他们的教育和引导。首先，要将网络素养教育纳入学校课程体系，通过课堂教学、实践活动等方式，提高大学生对网络世界的认识和理解。其次，家庭要加强对子女的网络素养教育，引导他们树立正确的价值观，养成良好的上网习惯。最后，社会各界也要关注大学生的网络素养问题，共同营造一个健康、文明的网络环境。

四、大学生网络错误认知增多

随着科技的飞速发展，短视频媒介已经成为我们日常生活中不可或缺的一部分。然而，正是这种看似便利的传播方式，其背后却隐藏着一些值得我们深思的问题。首先，短视频媒介通过压缩时长，仅靠几秒钟来传递信息，虽然使得信息传播更加迅速高效，但也正因为如此，大学生们在短时间内接收了大量简化的信息，从而失去了处理复杂庞大知识体系的兴趣和延时享乐的能力。这种现象值得我们警惕，因为长期的简单信息接收模式容易使人们的思维变得浅显，无法深入理解和探讨复杂问题。其次，短视频媒介中的商业营销手段也值得我们关注。在短视频中，存在着诱导粉丝为"接触式消费"买单的情况，包括视频插播软广、日常内容渗透产品、橱窗链接和直播购物等。在这些方式中，部分产品的功效被过度夸大，甚至存在虚假宣传的现象。同时，明星效应也发挥着强大作用，诱导大学生粉丝盲目跟风购买。因此，大学生们在直播间跟风囤积大量非必需品的情况屡见不鲜，这不仅加重了他们的消费负担，也使得他们更容易陷入消费主义的陷阱。再者，互联网的技术边际成本几乎可以忽略不计，这给传统商业模式带来了严重的破坏性冲击。在追求流量的时代，人们往往陷入流量焦虑，过分关注表面的商业元素，而忽视了产品的质量和服务的实质。这种现象不仅损害了消费者的利益，也使得整个商业环境变得浮躁和短视。

五、大学生网络安全意识薄弱

随着科技的发展，我们的生活变得越来越便捷，但与此同时，个人信息泄露的问题也日益严重。电话号码、身份证号码等个人信息被轻易获取，给我们的生活带来了诸多困扰。首先，网购后的物流单号在运输过程中可能会遭遇信息泄露。这些单号上包含了消费者的姓名、电话号码、地址等敏感信息，一旦泄露，可能导致不法分子利用这些信息进行诈骗或其他犯罪行为。其次，黑客通过技术手段轻易破解身份证号码、支付密码等信息。他们利用这些信息在黑市上进行交易，形成庞大的黑色产业链。这些产业链背后，隐藏着无数受害者无法挽回的损失。更令人担忧的是，个人信息泄露不仅给被害人带来经济上的损失，还可能导致犯罪分子利用盗刷、盗用身份信息进行借贷等犯罪行为。这让原本无忧无虑的大学生陷入了困境，他们对于防范信息泄露的意识不强，不知道如何采用法律武器保护自己。在这个信息泄露日益严重的时代，我们每个人都可能成为受害者。信息泄露给被害人带来的不仅仅是经济上的损失，更是精神上的折磨。面对这一现状，我们应当提高防范意识，学会保护自己的个人信息。

随着科技的发展，应用软件在我们的生活中扮演着越来越重要的角色。然而，这些应用软件在追求用户增长和提升用户体验的过程中，却存在着过度关注用户隐私的问题。例如，它们常常强制要求访问用户的相册、定位、联系人等信息，初衷是为了精准投放广告，扩大影响能力。然而，用户在下载和使用这些应用软件时，为了获得更好的体验，往往不得不勾选同意相关权限。而在企业的声明中，若出现不可抗力因素，解释权归本公司所有，这使得用户陷入了被动接受一切糟糕后果的境地。另一方面，网络电信诈骗也以各种形式对社会各阶层进行攻击。针对大学生超前消费的特点，犯罪分子提出"注销校园贷"的业务，让学生背上沉重的债务。此外，2022年初，犯罪团伙假借冬奥名义设计答题形式的电信骗局，非法获取了360余万名大学生的个人信息，诈骗数额达到了几千万元。这反映出我国大学生在网络安全意识上的巨大隐患。此外，市场上的网络素养读本种类有限，针对性不强，没有经过统一编制，不具备专业性和权威性，导致大学生获取网络素养信息的渠道受阻。因此，大学生在面临各种网络信息时，往往无法作出准确判断，容易受到错误的社会思潮的影响。这种情况可能会使大学生形成背离社会主义核心价值观的有害认知，阻碍他们成长成才。

第三节　大学生网络素养培育的困境

一、自媒体时代网络规范有待完善

随着互联网的飞速发展，网络安全问题日益凸显。我国已经意识到这个问题，并颁布了一系列关于网络安全的法律法规，如《计算机信息网络国际联网安全保护管理办法》《中华人民共和国计算机信息系统安全保护条例》等。然而，这些法律法规并未形成一个完整的政策体系，仍然存在许多不足之处。

首先，现行的网络安全法律法规内容较少，难以适应网络技术的发展速度，也无法满足互联网与信息技术发展的需求。尽管相关部门不断加大对网络犯罪的打击力度，但网络虚假信息、网络素养失范和违法犯罪行为仍屡见不鲜。例如，2021年5月22日，有关"杂交水稻之父"袁隆平逝世的虚假消息在微博等媒体上传播，后经袁隆平秘书辟谣；2021年9月17日，一段"老人摔倒被怀疑碰瓷"的视频在网上热传，引发网民关注和热议。这些事件反映出现行法律法规在应对网络谣言和虚假信息方面的乏力。其次，现行法律法规在一定程度上存在滞后性，不能满足大学生上网、用网的需要。随着互联网的普及，大学生们越来越依赖网络获取信息、交流和学习。然而，现有的法律法规往往无法迅速适应网络领域的创新和变化，导致大学生在网络空间中面临着诸多法律风险和安全隐患。为了更好地应对网络安全挑战，我国需要进一步完善网络安全法律法规体系。首先，要及时修订和完善现有法律法规，确保其适应网络技术的发展和互联网与信息技术的需求。其次，要加大对网络犯罪的打击力度，严厉打击网络谣言、虚假信息等违法行为。此外，还应加强对大学生的网络素养和法律教育，提高他们的网络防范意识。随着科技的飞速发展，自媒体作为一种全新的媒介形式，在我国的发展势头迅猛。然而，值得我们关注的是，我国尚未出台关于自媒体平台审核的规范性文件，这无疑给自媒体的发展带来了一定的隐患。

另一方面，我国对于网络舆情的认识尚不足，网络管理体制存在多部门管理、权责不统一、效率低下等问题。这种情况使得我国在面对网络突发事件时，缺乏系统的解决方案和工作流程，导致网络侵权事件处理不高效且引导不当。以电影《长津湖》为例，该片在自媒体平台上出现了大段剪辑、切断播放的现象，播放量高达数十万人次，以此快速获取粉丝、流量支撑。这种现象揭示了自媒体平台简单搬运、剪切长视频内容，便能牟取暴利，导致长视频需要花巨资购买版权。进一步来看，自从2020年以来，版权纷争逐渐增多，争议内容越来越复杂，对网络治理政策制度提出了新的要求。在这种情况下，我国亟须加强对自媒体平台的监管，以维护网络环境的秩序，保护知识产权，保障广大网民的合法权益。总之，我国在自媒体平台审核、网络舆情管理、版权保护等方面还存在诸多问题，需要我们高度重视并加以改进。只有这样，才能确保自媒体的健康发展，维护网络空间的和谐稳定，为我国的社会进步和经济发展提供良好的网络环境。

二、自媒体网络监管力度不足

在互联网和信息技术高速发展的当下社会，自媒体平台已经成为人们获取信息、交流思想的重要场所。然而，随着自媒体数量的爆炸式增长，平台上的信息质量呈现出参差不齐的现象，这无疑对广大用户，特别是大学生群体，构成了潜在的威胁。产生这种现象的主要原因是自媒体网络监管力度不足。在利益的驱使下，一些负面信息制造者为了点击量和播放量，发布不受控制的信息。如果这种行为得不到有效控制，不法分子会变得更加猖狂，对社会秩序造成更大破坏。此外，大学生在自媒体网络平台中缺乏足够保护，其良好网络素养的培育缺乏制度保障，这无疑不利于良好素养和习惯的养成。自媒体平台应当加强对大学生群体的保护，提升他们的网络素养，从而净化网络环境。

2020年年底，新华网评自媒体短视频恶俗广告，指出一些自媒体平台为了流量不顾吃相，三观不正，低劣奸诈。这充分暴露出监管力度的不足导致低俗、恶俗、媚俗的广告频繁出现在自媒体平台的问题。面对这一现状，我们亟须加强对自媒体网络平台的监管。一方面，政府部门应加大对网络犯罪的打击力度，保护用户的合法权益；另一方面，自媒体平台也应承担起社会责任，加强对内容的审核，杜绝低俗、恶俗、媚俗广告的出现。同时，教育部门也要关注大学生网络素养的培育，加强对自媒体网络环境的引导，帮助他们树立正确的价值观。只有这样，我们才能共同营造一个健康、有序、和谐的自媒体网络空间。

随着互联网的普及和发展，自媒体平台成为信息传播的重要渠道。然而，当前自媒体网络环境存在诸多问题，监管难度较大。首先，信息技术方面的系统漏洞给自媒体平台的信息安全带来严重隐患。由于系统漏洞的存在，自媒体平台的信息容易被窃取和泄露，这给政府对自媒体的网络环境监管带来了巨大困难。其次，当前的网络监管规章条例相对滞后，难以适应快速发展的网络环境。大学生在遭受网络侵权或暴力时，往往无法及时科学地维权和解决。再次，自媒体网络监管力度在运营初期较强，而对运营期间及网络不良事件解决的监管相对薄弱。这容易导致一些自媒体平台在运营过程中逐渐放松对内容质量的把控，从而滋生不良信息。此外，自媒体平台个人用户创建和运营商审批门槛较高，但一旦通过，后期管制相对宽松，难以有效控制不良网络事件的发生。另外，负责网络监管的工作人员经验不足，缺乏系统培训，难以采取有效的工作方法和科学的管理手段。最后，政府部门与自媒体行业工作人员接触较少，缺乏对自媒体行业的了解，导致部分监管部门放松对信息发布和传播质量的把关。

在自媒体时代，信息传播的速度和范围达到了前所未有的程度，这其中也包括大量的不实信息、虚假新闻等负面内容。大学生作为国家未来的栋梁，每天都在接触海量信息，他们的价值观和世界观尚在塑造过程中，很容易受到不良信息的影响。因此，政府出台措施保护大学生接触到的信息质量显得尤为重要。

三、学校关于大学生网络素养教育相对欠缺

在当前信息化社会，网络已经成为人们日常生活和工作中不可或缺的一部分。对于大学生这一特殊群体而言，网络素养的提升更是至关重要。然而，令人遗憾的是，我国大部分高校并未开设专门的网络素养教育课程，而是将其作为思想政治理论课的一部分。这种做法在一定程度上忽视了网络素养教育的独立性和重要性。思想政治理论课中关于网络的相关教育内容陈旧，不符合时代发展的新要求和新标准。这一点从课程内容中便可以看出，教材中的知识体系和实际应用之间的差距越来越大。单纯依靠思想政治理论课的方式无法达到提升大学生网络素养的目的。因此，有必要对网络素养教育进行改革，以适应时代发展的需求。改革的核心在于

将教材中的理论要求与大学生使用自媒体平台的实际相结合。自媒体时代，网络发展迅速，但思想政治理论课中较少涉及大学生网络素养的相关内容，这使得教材中的知识难以转化为学生的实际能力。因此，教材的修订和完善势在必行。只有紧跟时代步伐，关注大学生的实际需求，才能使网络素养教育真正发挥应有的作用。此外，高校在开展思想政治教育时，若仅追求学生完成学分，忽略学生成才需求，不仅不利于开展思想政治教育，也无法满足大学生提高网络素养的时代要求。这种现象反映了教育理念的偏差，需要引起高度重视。

随着我国科技实力的不断提升，教育事业也得以插上科技的翅膀，尤其在网络设备更新和自媒体运用方面取得了显著的成果。如今，我国大部分高校的网络设备更新速度迅猛，校园网实现了全覆盖，为大学生提供了一个优越的网络技术环境。在这个环境中，教育主体善于运用自媒体进行授课，打破了传统的教育模式。他们不断优化授课内容，创新教学载体，将网络技术与教育教学相结合，从而拓展了大学生的网络学习空间。在这个过程中，学生们不仅能够接触到更加丰富多样的课程内容，还能够锻炼自己的网络信息获取和处理能力。此外，部分学校还建立了自媒体信息中心，这是一个专门为师生提供自媒体资源的平台。它不断优化网络服务，为大学生提供了更加便捷的网络学习渠道。这些举措都表明我国高校在网络教育方面的努力和成果。然而，在思想政治理论课程中，教育主体仍然过于依赖教材进行思想引导和价值引领。尽管自媒体具有丰富的资源和实时更新的信息，但在这一领域的作用并未得到充分发挥。这或许是因为教育主体在传统教育观念的影响下，对于自媒体在思想政治教育中的价值认识还不够深刻。

另一方面，教育主体在网络教育中还存在一定程度的不足。他们未能充分利用网络平台为大学生提供足够的教育教学资源，使得学生在网络学习过程中可能面临资源匮乏的问题。此外，教育主体很少涉及大学生网络素养的相关内容，这使得学生在享受网络便利的同时，也可能面临网络陷阱和信息安全问题。

总之，我国高校在网络教育方面取得了一定的成绩，但仍有一些方面需要进一步改进。教育主体应继续优化网络服务，充分发挥自媒体在教育教学中的作用，为学生提供更多优质的教育资源，并关注大学生网络素养的培养。高校网络素养教育的现状不容乐观。为适应新时代的发展，高校应重视网络素养教育的独立地位，改革课程内容，关注大学生实际需求，将网络素养教育与思想政治教育相结合，促进大学生全面发展。只有这样，我们才能培养出既具有较高思想政治素质，又具备良好网络素养的社会主义建设者和接班人。

四、大学生的网络素养自我教育意识薄弱

（一）大学生追求自由和独立但自控力较差

大学生作为一个追求自由和独立的年轻群体，他们具有鲜明的个性，热衷于自己喜欢的事情，崇尚自由，敢于表达内心真实的想法和感受。这一特点体现在他们的生活中，无论是学习、娱乐还是交流，都充满了独特的青春气息。然而，随着自媒体平台的发展，大学生们似乎过分关注和依赖这些平台，如微信、微博、抖音、快手等。他们生活中的一举一动，都离不开这些平台的陪伴。对于不喜欢或不感兴趣的事物和话题，他们能置之不理、不闻不问，将自己封闭在一个相对独立的空间。这种过分关注和依赖自媒体平台的现象，使得大学生们在一天中不能缺少查阅公众号、翻看朋友圈、分享新鲜事、观看直播等环节。他们自控力较差，对自媒体平台的依赖导致一天不进行这些活动就存在缺失感。然而，过度依赖和频繁使用自媒体平台，对大学生的身心健康和人格养成却产生了负面影响。一方面，这使得他们在现实生活中越发孤立，面对面的交流减少，人际关系

变得淡漠；另一方面，自媒体平台中的虚拟世界与现实生活的巨大反差，可能导致大学生心态失衡，陷入网络成瘾的困境。为了摆脱这种双重生活的束缚，大学生们需要在心理和行为上做出调整。首先，要培养自己的自控力，合理安排时间，避免沉迷于自媒体平台；其次，要注重现实生活中的交流与沟通，与他人建立良好的人际关系；最后，要树立正确的人生观、价值观，关注自身成长，以全面发展的眼光看待自己。

（二）大学生渴望获取新信息但缺乏一定的辨别力

随着互联网的普及，大学生们在课余时间通过网络获取各类信息和资源，以丰富自己的校园生活。然而，这一便捷的方式也带来了一些问题。

首先，大学生课余时间充足，处在校园环境中，很容易感到生活的单调。网络的丰富多彩让他们充满好奇心，习惯性地通过自媒体平台关注草根英雄、明星、名师、偶像等动态。他们渴望在成长的过程中，能够认识更多的朋友，拓宽自己的人际圈子。然而，当前自媒体平台的监管力度不足，使得一些不良信息得以传播。大学生由于社会经验尚浅，对一些事物缺乏一定的辨别力，容易受到不良信息的影响。当他们在浏览或接收到这些信息时，缺乏足够的警惕性，难以抵制其诱惑。长期接触不良信息，会逐渐侵蚀大学生的思想，影响他们的价值观和人生观。这不仅对他们的人格塑造造成负面影响，也将对他们未来的发展产生不良影响。

（三）大学生追求全面发展但自媒体意识较差

随着互联网的普及，自媒体平台成为人们获取信息、交流思想的重要途径。然而，当前大部分大学生对自媒体平台并没有深入地了解，只限于对自媒体的简单操作。这种情况使得他们对自媒体平台所呈现出的文化和价值观缺少防范意识。自媒体平台作为一个公共舆论场，其传播的内容和价值观往往直接影响用户的认知。然而，由于大学生的自媒体意识较差，他们往往难以辨别信息的真伪，容易受到错误观念的影响。这不仅对他们的价值观形成冲击，同时也对他们的网络素养标准产生了负面影响。在这种情况下，大学生的网络素养标准很容易动摇，自媒体意识较弱使得提升大学生的网络素养这一工作变得艰难。另一方面，大学生课余时间充足，他们希望通过兼职的方式赚取外快。然而，由于自媒体意识较差，他们对网络风险的防范意识不足，导致近几年高校在校大学生遭受网络刷单诈骗的悲剧时有发生。这类诈骗案件不仅让大学生在经济上遭受损失，更让他们在心理上受到了严重的打击。

五、自媒体时代家庭对大学生网络素养培育的观念淡薄

随着互联网和自媒体的普及，我们的生活变得越来越便捷，但同时也带来了一些新的问题。其中，最为突出的就是网络素养教育的问题。这不仅涉及个人的信息安全，更关乎家庭的幸福和社会的稳定。在2021年8月发生的一起典型案例便揭示了这一问题。一名大学生在网络世界中与一名女主播展开了一段恋情，然而直到女主播被抓，他才发现对方竟然是一个200斤重的女汉子。这个案例让我们震惊，同时也让我们看到了家长在孩子网络素养教育上的缺失。家庭物质生活条件的提升，无疑为孩子们提供了更好的成长环境，然而，这也带来了一些负面影响。部分家庭教育在这一方面存在滞后性，使得孩子们在网络世界中缺乏足够的判断力和自我保护能力。这不仅可能导致他们在网络消费上受到欺诈，还可能让他们在网络素养方面产生失范现象。这个案例中的大学生，正是因为家庭教育的缺失，以及在网络素养方面的培育不足，才会在网络世界中迷失自我。而这样的负面示范效应，无疑会让家长们警醒：网络素养教育已经成为家庭教育的重要组成部分。父母的言行对孩子的影响是深远的，尤其是在网络素养方面。如果父母自身对网络世界缺乏了解，或者在网络素养方面存在问题，那么孩子也很可能因此受到影响。因此，家长们不仅要关注孩子的学

业成绩，更要关注他们的网络行为，以身作则，引导他们树立正确的网络价值观。

网络素养教育，已成为家庭教育的新课题。在这个信息爆炸的时代，我们不能让孩子在网络世界中迷失自我，更不能让网络素养失范的现象在我们的生活中蔓延。因此，家长们应当重视起孩子的网络素养教育，让他们在享受网络带来的便利的同时，也能树立正确的网络价值观，保护自己的权益。

家庭，这个社会最基本的单元，是国家、社会健康发展的重要基石。在网络时代，家庭的作用显得尤为重要，因为父母对子女的网络素养培育，直接影响了我国大学生网络素养的培育效果。然而，现状并不乐观。许多家长并未充分认识到大学生网络素养培育的重要性与必要性，他们不懂得如何激发大学生网络素养的内生动力。在他们眼中，网络素养的培育似乎远不如学业成绩来得重要。然而，他们忽视了在信息爆炸的时代，网络素养的高低，将对子女的未来产生深远影响。在家庭环境中，父母的行为举止对子女的影响尤为重要。然而，许多父母在自媒体平台对主播"网络打赏"，沉迷于玩游戏、刷抖音、逛淘宝，甚至部分家长还从事微商工作，销售产品质量参差不齐。这些行为都未能以身作则，影响了子女的网络素养培育。更为严重的是，父母与子女之间的沟通不足，疏于管教。这种现象严重阻碍了大学生网络素养的培育进程。网络世界鱼龙混杂，缺乏父母的引导，子女很容易走上错误的道路。还有一些父母，他们甚至践踏网络素养规范和法律法规。这样的行为，无疑影响了子女正确价值观的养成，使他们失去了网络素养的底线。当子女在网络世界中出现网络诈骗、抄袭、暴力等行为时，一些父母却选择了不以为然。他们没有意识到，这样的态度只会降低大学生网络素养培育的效果，进一步阻碍了培育进程。

第四章

大学生网络素养培育困境的成因

第一节　社会网络环境监管不健全

一、网络负面舆情信息泛滥

在当前社会舆论环境中，正确的舆论导向对党和人民具有积极意义，而错误的舆论导向则可能对党和人民构成威胁。近年来，随着网络技术的发展，国内外反动势力利用网络便利，对我国大学生进行隐性文化输出和政治干扰，这无疑对我国政治文明建设构成阻碍。他们在网络世界中散布各种虚假信息，企图改变我国大学生的价值观。同时，我国公民社会的逆反心理导致"信任异化"。以山西暴雨灾害期间为例，部分机构医疗救援物资管理不透明，加剧了网络信任缺失的负面影响。这种信任危机使得大学生在面临大量信息时，容易产生怀疑和困惑。此外，大学生群体容易受情绪支配和鼓动，失去追寻真相的意义，陷入"塔西佗陷阱"。在谣言和负面舆论的传播中，先入为主的观念使真相不被大众接受，从而破坏了网络规则和生态体系。这种情况无疑对大学生的信息筛选和价值选择产生了严重影响。

二、社会网络环境趋于功利

在互联网发展浪潮下，商业人士迅速积累财富和提高名望，然而，他们却忽略了当下的幸福。在某些人追求金钱至上的时代，一种错误的价值观正在影响我们的学生群体，让他们滋生了期待不劳而获、一夜暴富的想法。大学生们对黎明前的黑暗一无所知。他们看到一些网红轻轻松松地实现了财富积累，便误以为这是轻而易举的事情。事实上，这些网红能够在短时间内积累财富，是由于他们在此前不断输出优质作品，及时总结反思，找到了自己的发展方向。要想在风口时代获得成功，就需要推敲与揣摩观众的兴趣点，不断地调整自己的发展方向。这不仅需要高强度的脑力劳动，还需要付出极大的体力。这对于正常人来说，未必是能够承受的压力。然而，长久进步的动力源泉，却是专业知识的不断扩充与吸收。

随着社会网络环境的不断变化，我们可以明显感觉到，如今的社会网络氛围变得越来越功利。这种功利性不仅体现在人们的行为举止上，也反映在各大互联网平台的发展方向上。就以微博为例，这家在我国具有重要影响力的社交媒体平台，在2021年第二季度的净利润同比下降了59%。这个数据无疑让人惊讶，也让我们意识到，传统的社交媒体平台正面临着巨大的挑战。在这个信息爆炸的时代，用户的需求变得越来越多样化，也越来越碎片化。为了满足这些需求，企业巨头们纷纷运用大数据技术，对用户进行深入分析，以便精准地推送符合他们兴趣的内容。这种做法虽然在一定程度上提高了用户的黏性，但也使得文字内容被不断缩减，影音化效果呈现。长此以往，用户可能会逐渐失去阅读耐心，甚至影响他们的思考能力。

三、网络相关政策有待完善

随着互联网的普及和迅猛发展，我国面临着一系列严峻的网络犯罪问题。在这些问题上，互联网的虚拟性和无边界性使得执法部门在管辖上遇到了许多难以克服的挑战，而现有的专项立法局限性也导致部分管辖部门的职权重叠冗杂。

首先，我国在打击跨境电信网络诈骗共同犯罪方面，面临着诸多实际困难。例如，犯罪分子利用海外服务器进行操作，中间人员分布分散，技术壁垒以及转账银行过多难以取证等问题，这些都使得打击和查处犯罪变得异常困难。为此，我国需要进一步强化国际执法合作，完善相关法律法规，以应对这一挑战。

其次，网络诽谤问题也亟待解决。在以往的司法实践中，网络诽谤的定罪取证和举证存在一定问题。由于严重危害社会秩序和国家利益的案件才属于公诉处理范围，因此在许多情况下，受害者很难通过法律手段来维护自己的权益。针对这一问题，我国应当进一步完善网络诽谤的相关法律规定，简化取证和举证流程，使得受害者能够更容易地寻求法律保护。

此外，我国对网络暴力的监管和法律界定同样存在不足。目前，我国缺乏明确的司法解释和对电子证据的认可，网络暴力追责制度也不够健全。这使得大学生网民容易受到不良引导和煽动，对他们的身心健康造成严重影响。为了保护广大网民，特别是大学生网民的合法权益，我国应当加快制定针对网络暴力的法律法规，完善电子证据认可和追责机制。

最后，我们需要认识到，刑罚的根本目的是教育和挽救，而非毁灭。然而，在网络暴力方面，我国法律尚无明确界定和有效追责机制。这一现状不仅使得受害者得不到应有的法律保护，还可能导致犯罪分子肆无忌惮地实施网络暴力。

第二节　高校网络素养教育相对欠缺

一、高校网络素养教育工作存在滞后情况

随着互联网的飞速发展，高校校园网站作为信息传播的重要平台，其作用日益凸显。然而，当前许多大学校园网站存在内容陈旧、版面设计欠佳等问题，导致宣传和展示效果大打折扣。此外，校内媒体团的作用未得

到充分发挥，教师对新网络软件的使用率不高，部分教授对社交软件和交流社区的操作不熟悉等问题也日益凸显。这些问题不仅影响了校园网站的传播效果，也对大学的整体形象和网络素养的提升产生了不利影响。

首先，大学校园网站的内容更新速度滞后，未能紧跟国内外时事热点进行调整，从而丧失了宣传和展示的机会。在信息爆炸的时代，网站内容的陈旧和滞后无疑会让师生失去关注的兴趣，甚至可能导致优秀的人才和资源流失。

其次，版面设计是吸引师生关注的重要因素。然而，当前许多校园网站的版面设计不够吸引人，信息发布过于刻板，不易产生有效链接，导致点击率持续下降。

再者，校内媒体团在高校的宣传和推广工作中发挥着重要作用。然而，当前部分高校媒体团的作用未得到充分发挥，无法调动朋辈之间的积极性。

此外，高校教师科研和教学任务繁重，虽然使用网络与学生沟通，但对新兴网络软件的使用率仍不高。这不仅限制了师生之间的交流途径，也影响了教育教学的质量。

最后，部分教授对社交软件和交流社区的操作不熟悉，这在一定程度上影响了大学生网络素养的提升。

二、高校网络素养教育没有引起足够重视

高校学生的网络素养问题引发了广泛关注。教师对学生的了解不够深入，评价方式简单，这使得网络素养培育的重要性被忽视。然而，正是这种忽视，导致了一些严重的社会问题。近年来，多地警方破获的电信诈骗和网络赌博案件中，有多名名牌大学学生参与。这些案件揭示了高学历网络犯罪成为一个日益严重的问题。更令人震惊的是，在一些犯罪组织中，知名大学的学生竟然起到了核心作用。他们在短短几年时间里，获利近亿

元。这些案例不仅对社会造成了严重危害，也让人反思：我们的教育怎么了？为什么高学历的网络犯罪会成为社会热点关注问题？

问题的出现，很大程度上是由于学校在网络技能和网络素养教育方面的失衡。网络技能的教育被高度重视，然而，网络素养的教育却被忽视。这就导致了学生在掌握网络技能的同时，却缺乏必要的网络素养，无法正确对待和使用网络。此外，对于学生的道德管束和法律科普仍需加强。许多学生可能对法律的认识不足，对违法行为的危害没有清晰的认识，存在违法侥幸心理。这就需要学校和家长共同努力，加强对学生的道德教育和法律科普，让他们明白违法行为的后果，树立正确的价值观。

三、高校缺乏与网络素养教育相关的资源

在当今信息时代，高校对学生信息素养的培养日益受到重视。然而，遗憾的是，部分高校在培养学生的信息素养方面还存在一些不足。这些问题主要包括培训内容浅层化、形式教条化、考试单一化等。此外，课程安排的课时较少，缺乏公共政策的宣传，且没有专业的平台给予指导支持。首先，对于培训内容浅层化的问题，一些高校在信息素养培训过程中过于注重形式，而忽视了内容的深度。这种现象可能导致学生在短时间内看似掌握了所需技能，但在面对实际问题时，难以运用所学知识解决问题。其次，形式教条化的现象也在部分高校中存在。这种现象可能导致学生对信息素养的认知停留在表面，无法真正内化为自身的能力。此外，考试单一化也是一个问题。当前，部分高校对学生的信息素养考核过于注重理论，忽视实践操作。这种考试方式无法全面评估学生的信息素养水平，可能导致"高分低能"的现象。

另一方面，网络意识形态安全教育在高校中也显得尤为重要。然而，目前许多高校尚未与地方网信办、网络企业单位建立合作机制，协同培育实训基地。这种情况下，高校在网络意识形态安全教育方面的资源和服务

都显得不足。此外，网络安全实验室等模拟场景建设困难也是一大问题。由于各种原因，一些高校在网络安全实验室建设方面面临困境，导致大学生无法沉浸式参与网络案例分析。这种现象限制了学生对网络安全的实际了解和应对能力。

四、高校教育力度不符合大学生自身所处的独特发展

大学阶段，是青年人世界观、人生观、价值观形成的重要时期。然而，在这个信息爆炸的时代，网络游戏、网恋和网络直播等成为部分大学生日常生活中不可或缺的一部分，甚至沉迷其中，导致人文素养不高，精神动力不足、价值取向混乱、道德修养薄弱。近年来，随着网络直播技术的快速发展，一些网络主播为了走红和赚钱，会有低俗、媚俗行为。这些行为，无疑对大学生产生了极大的影响。大学生处于相对自由阶段，容易受到不良社会风气的影响。他们在网络世界中潜移默化地接受着良莠不齐的观念的渗透，从而成为这些观念的传播者。更有甚者，一些大学生积极成为网络红人，模仿低俗行为，用媚俗行为换取热度和流量，成为低俗审美的传播者和制造者。他们没有意识到，这样的行为不仅损害了自身的人格尊严，也对社会风气产生了恶劣的影响。面对这样的现象，我们不能忽视大学生的网络素养教育。这是由经济时代和信息社会的大环境所决定的，他们需要依靠教育者及外界措施帮助他们提高网络素养，并使其具备免疫能力，做出正确的价值选择。

五、社会大环境影响了教育效果

随着社会竞争的日趋激烈，我们的生活压力也在不断增加。特别是在世界大环境影响下，物价上涨，就业困难，许多大学生在生活和就业的双重压力下，选择了沉溺于网络来释放压力。然而，这种方式并非长久之计，反而可能让他们陷入更深的困境。全球化的推进使得各种外来思想文

化广泛进入现实世界，这其中不仅包括先进的文化理念，也包括反动极端思想和邪教组织。这些势力利用互联网传播虚假信息，恶意抹黑我国，宣扬邪恶价值观。由于大学生社会经验不足，成了这些反动势力的主要目标。此外，网络环境的复杂性也使得大学生面临着诸多诱惑。网络色情是互联网上常见的有害信息，它严重影响了传统的健康生活观念。开放随意的性关系带来了性别歧视，影响了大学生对性别角色的认知和态度。而在社会资本崇拜的影响下，一些大学生在网络行为上表现出不负责任的态度，甚至采取非法手段来获取金钱。这种行为不仅损害了他们的个人品质，也对社会产生了不良影响。

第三节　家庭网络素养培育存在盲区

一、家长难以改变学生的网络习性

家庭网络素养教育的直接效果受到诸多因素的影响，其中包括家庭经济水平、父母受教育程度以及网络素养重视程度。有研究表明，这三者之间存在密切的联系，对家庭网络素养教育的实施和成果具有重大影响。

首先，家庭经济水平对网络素养教育的影响不言而喻。经济条件较好的家庭，更有可能为孩子提供良好的网络环境和学习资源，使他们在网络世界中获得更多的知识和技能。相反，经济条件较差的家庭，可能在网络设备和教育资源方面存在不足，这无疑会对孩子的网络素养产生负面影响。其次，父母受教育程度也是影响家庭网络素养教育的重要因素。受过高等教育的父母，更有可能了解网络的利弊，从而对子女的网络行为进行合理引导。他们可以更好地教育子女如何正确使用网络，避免沉迷于虚拟世界，培养良好的网络素养。再者，网络素养重视程度也是影响家庭网络素养教育效果的关键因素。家长如果能够高度重视网络素养教育，对孩子进行有针对性的教育，那么孩子在网络世界中的行为就会更加规范，网络素养也会得到提高。

与此同时，大学生长期使用电脑可能对身体造成负面影响。长时间盯着电脑屏幕，不仅可能导致肩肌劳损，还可能引发认知功能衰退、静脉曲张、消化系统问题，甚至加重近视。此外，大学生自制力薄弱、行为不受约束，长期处于高度紧张状态，肾上腺素分泌过多，可能导致急性疾病甚至猝死。因此，大学生在日常生活中应注重自我调节，保持良好的作息规律，避免长时间过度劳累。在家庭网络素养教育中，长辈对虚拟社区和现实生活的平衡没有明确概念，他们关心的方式和方法往往不易被年轻人接受。最后，我们需要认识到，学生往往需要在经历痛苦之后才能觉醒，单纯地说教和劝说反而可能无效。因此，教育者应结合实际情况，寻找有效的教育方法，帮助学生养成良好的网络素养。

网络已经成为生活的重要组成部分，但对于许多家长来说，如何引导孩子正确使用网络仍然是一个巨大的挑战。事实上，家长难以改变学生的网络习性，这主要是因为他们自身的生活方式和网络素养水平的局限。首先，大学生家长大多处于事业上升期，繁忙的工作使他们很难有足够的时间和精力去深入了解孩子的网络生活。他们可能对孩子的网络行为有所关注，但很难真正投入其中，从而难以理解孩子的网络习惯。其次，"70后"父母自身的网络素养水平一般。他们成长在一个网络尚未普及的时代，虽然在后来的生活中接触到了网络，但大多仅限于社交、购物和娱乐等基本功能。这种网络素养水平使得他们在面对孩子的网络世界时，很难给出深入的指导。再者，家长自身网络习惯中存在的陋习也容易影响到孩子。例如，过度沉迷于社交媒体、购物和娱乐，这些行为在孩子眼中可能被认为是一种理所当然的生活方式。在这种情况下，家长的教育权威受到了挑战，他们很难在孩子心中树立起正确的网络榜样。此外，家长容易将这些网络陋习投射到对孩子的教育中。由于自身网络素养的局限，他们在教育孩子时可能会过于关注孩子沉迷游戏、追剧等浪费时间的网络活动，而忽视了网络的其他积极作用。

二、家庭成员间互动较少沟通不足

在我国，家庭关系中的一种普遍现象是难以建立平等的合作式关系。这种现象尤其在家长与孩子之间表现得尤为突出。中国式家庭矛盾主要表现为家长居高临下对待孩子的问题，这种态度往往使得孩子感到压抑和束缚，无法自由地表达自己的想法和感受。家长过度重视学生的绩点和排名，过于强调高考成绩，导致与孩子形成对立关系。这种过分关注成绩的态度，让孩子感受到巨大的压力，使他们逐渐对学习产生反感和抵触。长此以往，孩子可能会在内心对家长产生对立情绪，影响家庭关系的和谐。此外，家长过度干预孩子的学习和生活，让孩子在知识和专业课学习上过于谨小慎微，缺乏冒险精神。这种过度保护让孩子失去了独立思考和解决问题的能力，使他们无法面对生活中的挑战和困难。更为严重的是，家长的行为言语影响孩子，成功培养出部分精致的利己主义者。他们在追求成功的过程中，为达目的不择手段，扭曲了心理正常发展。这种现象不仅对家庭关系产生负面影响，同时也对社会道德观念造成冲击。升入大学后，家长突然放松对孩子的管控，导致孩子其他素养的缺失逐渐显现，尤其是网络素养。这种现象使得他们在面对网络世界的诱惑和风险时，缺乏足够的自我保护能力。

随着社会的不断发展，家长与孩子之间的沟通问题日益凸显。许多家长在教育孩子时，容易陷入过度倾诉的极端，导致与孩子之间的沟通不畅。这种现象的出现主要源于家长对孩子的过度关心和担忧，但过度关心往往容易让孩子产生压力，进而影响到家长与孩子之间的关系。另一方面，随着网络的普及，孩子们在网上休闲娱乐的时间越来越长。家长在面对孩子沉迷网络时，往往会产生抱怨和焦虑，甚至强行输出自己的观点。

然而，这种做法往往加剧了家长与孩子之间的矛盾，使得沟通变得更加困难。家长需要认识到，过度干预孩子的休闲娱乐时间并不能解决问题，反而可能让孩子产生逆反心理。此外，过度打压孩子也可能引发青春期叛逆。在青春期这个特殊的阶段，孩子正处于自我认知和人格塑造的关键时期。如果家长过度打压，孩子很可能会产生反抗心理，而非顺从。

三、家长对网络认识缺乏辩证思维

随着科技的飞速发展，网络学习和数字媒体已经深入到了我们的日常生活。然而，在这个过程中，一个不容忽视的问题便是家庭中的"共同在场"。这是一个关于父母与孩子在网络学习和数字媒体过程中缺乏有效互动的问题，它对孩子的成长产生了诸多负面影响。

首先，部分家长的网络素养水平较低，对孩子的网络素养教育重视不足。这在很大程度上是由于家长自身的网络素养不高，导致他们在引导孩子正确使用网络方面心有余而力不足。这种情况使得孩子在网络世界中容易误入歧途，无法充分利用网络的正能量。

其次，有许多家长错误地认为，学生学习的主战场在高校，从而忽视了网络素养教育的重要性。他们未能意识到，网络素养是一个人生存和发展的重要技能，无论在学术、职业还是生活中，都有着举足轻重的地位。这种观念上的偏差，使得孩子在网络世界的成长受到了限制。

另外，许多家长容易沦为消极的电子产品消费者和信息的被动接受者，他们的思维方式未能与社会同步更新。这种认知差不利于大学生成为独立的行动者和思考者，容易导致孩子在网络世界中迷失方向。

更为重要的是，家长在处理孩子上网问题时，未能有效识别信息垃圾，辩证思维培养不足。这使得孩子在网络世界中缺乏辨别能力，容易受到不良信息的影响。因此，家长在引导孩子上网时，应教会他们如何辩证地看待网络信息，培养正确的价值观。

第四节 社会高校及家庭配合的有效度不高

人才的培养是全社会的共同责任，这一观点在党的十九届五中全会提出的"健全家、校、社协同育人机制"中得到了进一步强调。在这其中，大学生的成长不仅是个人责任，更是社会、高校和家庭共同肩负的使命。家庭、社会和高校是影响大学生成长的重要因素。首先，家庭是大学生成长的摇篮，起着至关重要的作用。父母的教育观念、家庭氛围都对大学生的心理素质和道德观念产生深远影响。其次，社会是大学生接触外界、锻炼能力的舞台。良好的社会环境能促进大学生全面发展，提高他们的社会适应能力。最后，高校是大学生获取专业知识、培养创新能力的重要场所。学校的教育质量、师资力量等都直接关系到大学生的未来发展。然而，当前社会、高校、家庭在配合方面还存在一定问题。一方面，沟通不畅。家庭、社会和高校之间缺乏有效的沟通机制，导致教育资源的浪费和教育效果的不理想。另一方面，责任不清。在大学生教育过程中，家庭、社会和高校的责任边界模糊，容易出现责任真空。这不仅影响大学生教育的质量，也使得各方在教育过程中的积极性受到打击。

一、家庭、社会和高校的共同关注不聚焦

在当今信息时代，网络已经成为人们生活、学习和工作的重要组成部分。然而，网络素养这一媒介素养的重要组成部分在家庭、社会和高校中的重视度却相对较低。不少人对于网络素养的认知不足，甚至将其等同于简单的上网技能。这无疑忽视了网络素养对于个人成长和社会发展的深远影响。我国政府高度重视网络环境的管理、规范和净化，已经制定和出台了一系列网络相关的法律法规。这些法律法规旨在保护国家利益、维护社会稳定、保障公民权益，为网络空间的健康发展提供了有力的法制保障。

然而，当前网络环境中仍存在一些立法空白，这无疑给网络违法犯罪活动提供了可乘之机。网络健康发展受到抑制，表现为网络法规的力度不够、效力低下等问题。这些问题对社会大众产生了较强的影响，让人们开始重新审视网络素养的重要性。网络空间的混乱和无序，不仅损害了公众的合法权益，也危害到了社会稳定和国家发展。因此，提高网络素养、加强网络法规建设成了当务之急。家庭、社会和高校作为培养网络素养的重要阵地，应当共同关注网络素养教育。家庭要从小培养孩子的网络素养，让他们学会正确使用网络、辨别信息真伪；社会要加强对网络素养的宣传和普及，提高公众的网络素养意识；高校要开设网络素养相关课程，培养具备高素质网络素养的学子。

二、各方合作不够

随着互联网的普及和技术的不断创新，网络已经深入到我们生活的方方面面。对于大学生这个网络使用频率极高的群体，提高网络素养显得尤为重要。然而，当前高校对大学生网络素养的重视程度参差不齐，这在一定程度上影响了大学生网络素养的提升。

首先，高校在网络素养教育方面的投入和重视程度不一。部分高校更注重思想政治教育和计算机基础技能操作，这对培养大学生具备基本网络操作能力和安全意识是必要的。然而，仅仅停留在基础教育和技能培训层面是远远不够的。网络世界的复杂性决定了大学生需要全面提高网络素养，包括网络道德、网络安全、网络责任等方面。当前，部分高校对网络道德失范、网络电信诈骗等问题关注不足，这将导致大学生在面临网络陷阱时缺乏应对能力。

其次，社会对大学生网络素养的关注度也不高。在众多网络热点事件中，人们往往关注的是事件本身，而忽视了提高网络素养的重要性。虽然有关网络素养的呼声不时出现，但其号召力相对较弱，很难引起广泛关注。这使得大学生在网络环境中容易受到不良信息的影响，甚至陷入网络陷阱。

此外，家长和监管部门也应积极参与到大学生网络素养的提升中来。家长要关注孩子的网络行为，引导他们树立正确的网络价值观；监管部门要加强网络环境治理，严厉打击网络违法犯罪行为，为大学生营造一个健康、安全的网络空间。

三、各方缺乏及时有效的沟通

随着新时代的到来，大学生群体逐渐被00后所占据。这一代人从小便接触到了网络世界，并在学校教育中学习了相关的网络课程，使得他们能够熟练地运用网络工具。然而，相较于大学生，他们的父母接触网络的时间相对较短，对于网络基础知识与操作技能的掌握并不熟练，对新出现的网络事物也知之甚少。在此基础上，由于生活环境与价值观的差异，家长与孩子之间往往缺乏有效的沟通。尤其是大学生，由于长时间不在父母身边，父母与他们交流的机会大大减少，这使得家庭监管难以到位。另一方面，网络和手机传媒工具中包含的色情、暴力、虚假等内容对大学生产生了严重的冲击。然而，父母很难随时监督孩子的网络行为，因此，家庭的监管作用难以得到有效发挥。这导致了大学生在网络世界中出现各种陋习和不规范行为。在此背景下，家庭对于孩子网络素养的培育也被忽视。这使得孩子在面对网络中的种种诱惑时，缺乏及时有效的沟通和约束。因此，家长应当重视孩子的网络素养教育，提升自身的网络知识水平，以便更好地监督和引导孩子的网络行为。

第五节 大学生网络素养自我教育意识不强

一、自我管理能力有待提升

随着社会对校园霸凌和孤立现象的关注度不断提高，一个问题越发引人关注：为何这些现象并未因此减少，反而有越来越多的大学生承受着严重的心理负担？一方面，大学生不愿承认被欺负的事实，担心被视为软弱可欺，从而更加被动。另一方面，他们不愿寻求帮助，担心暴露自己的弱点。这两种情况导致他们的怒气无法发泄，可能走向极端行为或短期抑郁。这种心理负担对他们的健康成长构成了严重威胁。在网络社会，大学生们找到了一个新的倾诉和泄愤的平台。他们沉浸在其中，借助虚拟世界逃避现实困境。然而，这并不能从根本上解决问题，反而可能让他们更加依赖网络，远离现实。与此同时，社会价值观的积极向上，以及互联网上充斥着他人的光芒，使得普通学生在面对人生困境时感到痛苦。他们将自己与他人比较，越发觉得自己黯然失色。这种心理压力加剧了他们的心理负担，可能导致更加严重的后果。

二、自身无法解决信息异化

作为数字化时代的一代，大学生在与世界互动的过程中，难以避免地会产生自卑和敏感的心理现象。这是因为他们面临着前所未有的竞争压力，同时处理复杂的人际关系成为他们在校园生活中痛苦和烦恼的根源。在这种背景下，网络新天地成为他们逃避现实问题的途径。在网络世界中，大学生可以自由地塑造自己的形象，这使得他们容易沉溺其中。这个虚拟空间为他们提供了一个全新的舞台，让他们有机会展示自己，获得成就感和荣誉感。然而，这种成就感与荣誉感往往是建立在虚假的基础之上，当大学生回归现实校园生活后，他们需要面对平凡和普通。网络的诱惑力在于它能带给大学生一种超越现实的生活体验。在现实生活中，他们可能会因为各种原因而感到压抑，但在网络上，他们可以尽情释放自己。这种巨大的心理落差使得大学生在网络上的投入时间和精力不断增长，他们希望通过这种方式来逃避现实中的困境。然而，这种逃避终究是暂时的。当大学生在网络上耗费了大量的时间和精力，他们会发现，现实生活并没有因此改变。相反，他们可能会因为过度依赖网络而更加难以面对现实中的挑战。因此，对于大学生而言，合理把握网络行为，正确看待虚拟与现实的差距，是他们在成长过程中需要学会的重要一课。

信息异化现象日益严重，它正悄然改变着人们的社交方式和生活需求，诱发了一种名为"社交与需求焦虑"的心理状态。这种焦虑源于人们对信息的过度追求和恐惧，害怕错过任何重要的资讯。在信息资本主义的驱动下，人们的生活已被彻底改变。信息如同一股强大的力量，将人们卷入了一个无边无际的信息市场。在这个市场中，大学生们为了提升自己的存在感，往往通过评论或围观热点事件来吸引关注。然而，这种看似热闹的社交互动背后，却隐藏着一种难以察觉的危机。随着信息量的不断增加，人们越来越难以抵挡信息的诱惑。知识劳工们不知疲倦地编辑、发布吸引人的信息，旨在吸引更多的关注。这种现象让人想起了著名的"奶头乐理论"，人们沉溺于海量信息，不自觉地成了网络中的"精神囚徒"。在这个信息爆炸的时代，我们似乎已经失去了独立思考的能力。面对海量的信息，人们往往无法判断哪些是真正有价值的，哪些是无关紧要的。这种情况下，人们陷入了一种恶性循环，害怕错过重要信息，却又无法摆脱信息的束缚。

三、缺乏理性思考辨析能力

随着时代的发展，大学生活不再只是专注于学术研究，而是更加注重学生的全面发展。然而，有一部分大学生在升入大学后，却选择了较少参与集体活动的生活方式。这并不是因为他们忙于学业或热衷于其他活动，而是出于一种自卑或害羞的心理。这些学生在现实社会中难以与他人建立和维持稳定的人际关系，逐渐形成了自我封闭的状态。他们对社交活动的排斥情绪日益加深，导致他们在网络社会中寻求慰藉。虽然网络社会为他们提供了一定程度的心理安慰，但长此以往，他们仍然会感受到个体交往焦虑和相对剥离感。这种状态对大学生在校期间的全面发展显然不利。更为严重的是，这种负面情绪在校园内具有传染性，可能导致整体学生出现焦虑状态。一旦这种情绪蔓延开来，将可能造成更加严重的集体性问题。

随着互联网的普及，虚拟社交已经成为我们生活中不可或缺的一部分。然而，正是这种看似无害的社交方式，可能在我们不知情的情况下，悄然加重了我们的孤独感。在虚拟社交中，人们可以轻松地展示自己，畅谈内心的想法。然而，这种轻松的交流氛围却可能让我们在现实生活中更加难以找到知己。因为习惯了在网络上轻松交流，人们在现实生活中的沟通反而变得拘谨，难以打开心扉。这导致了与同学集体相处的机会减少，逐渐被孤立，从而使孤独感加重。另一方面，互联网的信息呈现方式也是一把双刃剑。它让我们可以全面了解热点问题和事态发展，但同时也容易导致信息集中闭塞，跟风和人云亦云的情况普遍。大学生在大量的信息面前，往往失去了独立思考的能力，仅仅跟随热评了解事物，而无法全面了解事实。在这种环境下，对事物评价的好坏往往受到他人言语的裹挟。大学生在面对大量流言时，应该扪心自问，判断所谓的客观事实是否经过恶意加工。在这个信息爆炸的时代，我们更需要具备合理、批判地接受信息的能力。然而，现实情况却让人担忧。

第六节　错综复杂的国内外网络环境影响

随着新时代的来临，我们发现国际与国内、线上与线下以及虚拟现实的界限变得越来越模糊，这使得我国乃至全球的网络环境变得更加复杂。在这个背景下，世界各国的生活方式、意识形态和价值观念都发生了翻天覆地的变化，尤其是我国的传统价值观念，正面临着前所未有的挑战。

一、国外网络环境的影响

一方面，世界各国的意识形态与我国传统价值观念更加紧密、频繁地接触、碰撞和融合。这种碰撞和融合虽然有助于我国的精神文明建设，但同时也带来了一些负面影响。西方的一些价值观念，由于其强烈的个性化和自我中心，对我国传统道德的根本要求和主流价值观产生了较大的冲击。另一方面，这种复杂的国际网络环境可能导致我国大学生网络素养意识的弱化。在多元化的价值观念冲击下，一些大学生可能对我国的传统道德观念产生怀疑和动摇，甚至有可能被西方的价值观念所俘虏。这种情况不仅对我国大学生的思想成长有害，而且也可能威胁到我国网络信息的安全。

随着社会的发展和科技的进步，大学生作为国家的未来和希望，他们的价值取向和行为准则在现实生活中却存在着明显的差异。一方面，他们是我国未来的栋梁，承载着民族复兴的使命；另一方面，他们在网络世界中面临各种诱惑，价值观的塑造面临着前所未有的挑战。首先，我们要看到，西方发达国家利用网络的无边界特性，大肆宣扬其文化霸权，进行文化渗透和植入。这种文化输出以其独特的影响力，对我国的大学生产生了深远的影响。他们通过网络传播他们的价值观，影响着我国大学生的价值取向，部分大学生因此产生了盲目崇拜，对我国的文化自信产生动摇。其次，网络中的负面信息和消极内容难以消失，这些内容对大学生的心理和道德产生了极大的冲击。在网络世界里，大学生面临着海量信息的轰炸，他们的是非鉴别能力和道德约束能力面临着巨大的挑战。这些负面信息影响着他们的人生观、世界观和价值观，使他们陷入价值困惑。再者，由于大学生正处于人生的关键时期，他们的价值观尚未完全形成，容易受到外界干扰。在这种情况下，他们对外来文化的盲目崇拜，使得他们在面对西方文化时，缺乏理智地判断和选择，影响了他们形成正确的价值观。网络世界的虚拟性使得道德界限变得模糊，这使得一些大学生在网络中作出不科学、不理智、不正确的行为。他们在网络中随心所欲，忽略了现实世界的道德规范，这种行为不仅对他们自己的成长造成了阻碍，也对社会的和谐稳定带来了隐患。

二、国内网络环境的影响

近年来我国在互联网基础设施、网民规模、数字经济、高新科技、网络治理等方面取得了历史性成就。然而，在这繁荣发展的背后，我们也面临着网络安全方面和落后农村地区网络教育滞后的挑战。

首先，网络安全方面。截至2020年12月，我国网民在各类网络诈骗问题上的遭遇比例较高，这无疑给广大网民带来了严重的财产和信息安全风险。与此同时，我国境内被篡改的网站数量达到了惊人的24.37万个，这不仅损害了网站本身的利益，也影响了网络空间的秩序和健康发展。此外，全国各级网络举报部门受理的举报数量也达到了1.63亿件，这一数据充分反映出网络环境的复杂性和治理的紧迫性。在我国网络安全问题上，我们不能忽视其中的漏洞和短板。一方面，技术层面上的漏洞给黑客提供了可乘之机，导致网络攻击、信息泄露等事件频发；另一方面，法律法规和制度建设方面的不足，也让网络犯罪行为有机可乘。因此，网络治理仍需进一步完善，以保障网络空间的安全和清朗。面对这样的形势，我们应坚持强化风险意识和底线思维，共同维护网络空间的天朗气清。

其次，落后农村地区网络教育滞后。有的乡村网络基础设施不完善、基站信号不足、宽带接入数量有限等，导致农村网络教育比较困难。随着我国进入小康社会，以信息与通信技术为核心的智能革命的深入展开，人类文明越来越从依赖于科学技术发展的形态转向由科学技术驱动发展的形态，人类社会不仅从工业社会转向信息社会，而且有迹象表明，正在迈向智能社会。在人类社会快速转型的进程中，网络化越来越像水和电一样成为人们生活的基础设施，逐渐塑造了"一切在线、万物互联、扫码操作、点击支付"的生活方式。这表明，互联网平台已经不再只是提供了一个虚拟空间，更不再只是充当传递信息的直通车，而是成为人们重构一切的驱动力，成为变革社会的转角石。但与此同时，随着信息化、网络化、数字化和智能化的更新迭代与彼此强化，有些相对落后地区，由于网络教育滞后，互联网变成了网络乱象的滋生地，各种低俗网络文化的蔓延、防不胜防的网络诈骗事件的频发、网络谣言四起以及滥用个人信息等现象，带来了前所未有的关于网络人才培育的挑战。

第五章

大学生网络素养培育的目标、原则与机制

第一节 大学生网络素养培育的目标

一、夯实大学生网络技术的基本认知

网络技术，被誉为人类伟大的发明之一，它的出现和发展不仅改变了人类的生活节奏，也拓宽了人们的视野。在我国，智慧化、数字化的经济发展方向已经被明确提出，而网络化程度的高低，更是被视为衡量社会发展水平的重要指标。在"互联网+"的生活模式下，网络已经渗透到我们生活的方方面面。尤其是在后疫情时代，网络更是成为人们生活的重要支柱。无论是远程办公、在线教育，还是电子商务、社交互动，都离不开网络的支持。可以说，网络已经成为我们生活中不可或缺的一部分。然而，在这样的网络环境下，大学生的网络素养问题也逐渐暴露出来。一部分大学生对网络的使用存在过度依赖、沉迷网络游戏、信息鉴别能力不足等问题。尽管如此，我们并不能因此限制或阻止大学生上网，而应该积极引导他们正确使用网络，提高网络素养。事实上，大学生作为我国社会的中坚力量，他们对于网络的掌握和应用，直接关系到我国数字化发展的进程。因此，我们更应该鼓励他们积极触网，了解网络，充分利用网络资源提升自我，为推动构建数字中国贡献力量。尽管大学生普遍被认为是资深网络用户，但调查数据显示，仍有相当一部分学生在网络基础知识掌握方面存在不足。这就需要我们加强对大学生的网络素养教育，让他们不仅能够熟

练运用网络，更能具备良好的网络素养，从而在网络世界中做出明智的决策，保护自己的权益。

网络与信息化已经成为当今世界发展的关键词，对于我们国家来说，这更是推动社会进步的重要领域。在这个领域中，大学生作为国家的未来，应该顺应时势，积极学习网络知识，深入了解网络技术的发展前景与现实应用。网络空间与现实社会之间的联系与区别，是大学生需要明确的一个重要概念。站在互联网时代的潮头，大学生应当认识到，网络空间并非与现实社会截然分开，而是与其紧密相连。因此，只有充分理解网络空间的特性和规律，才能更好地利用网络技术，服务于国家和社会的发展。培育大学生的网络素养，首先必须夯实他们对网络技术的基本认知。这一点尤为重要，因为只有当大学生对网络技术有了深入的理解，才能在此基础上进行创新和发展。尤其对于非计算机专业的学生，更需要通过学习网络基础知识，提升自己的网络素养。在这个过程中，引导大学生与网络同向同行，自觉关注网络发展，积极享受网络成果，是培育他们网络素养的重要环节。大学生应当认识到，懂网、触网才能兴网，这是当代大学生网络素养培育的最基本目标。

总的来说，大学生网络素养的培育，既需要他们自身的学习和理解，也需要社会的引导和教育。只有当每个大学生都能夯实网络技术的基本认知，才能更好地利用网络技术，为国家的发展做出贡献。这也体现了我国在网络与信息化领域的发展战略，以及大学生在这个过程中的重要角色。

二、强化大学生网络参与的价值规范

随着互联网的普及，网络已经逐渐成为人们的精神家园，尤其是对于大学生这个群体来说，网络更是他们日常生活中不可或缺的一部分。然而，在这个虚拟的世界里，大学生不仅需要享受网络带来的便捷和乐趣，更有责任推动网络文明建设，弘扬良好的网络风尚。网络文明建设是一项系统性、全面性的工程，而大学生作为网络使用的主要群体，他们的参与至关重要。他们应该以身作则，践行网络文明，不能将网络媚俗当作时尚，也不能将网络侵权当作潮流。他们需要明白，网络并非法外之地，任何违反法律法规的行为都要受到应有的制裁。要培育大学生的网络素养，我们需要做的不仅仅是建构他们的知识能力，更重要的是塑造他们的精神品格。知识能力是工具，是手段，而精神品格则是价值观的体现，是行为的指引。只有拥有了正确的价值观，大学生才能在网络世界中做出正确的选择，避免陷入网络陷阱。在网络参与的过程中，价值规范的强化是至关重要的。我们需要引导大学生文明上网，明确网络行为的界限，尊重他人，保护自己。这不仅是大学生网络素养培育的关键目标，也是他们成为网络文明建设的主力军的重要条件。

（一）铸造大学生崇德向善的品质

大学生作为国家未来的建设者和接班人，崇德向善的品质显得至关重要。道德是构成精神文明的重要元素，它贯穿于社会生活的方方面面，尤其是在网络空间，道德的作用更是不容忽视。然而，我们不得不面临这样一个现实：在当前的大学生群体中，存在着一些不道德的网络行为。这些行为包括粗陋低俗的网络表达和恶意攻击，它们如同一股邪恶势力，制约了网络文明的发展，影响了网络生态的健康有序。这些不道德行为的出现，让我们深感担忧，它们不仅损害了大学生自身的形象，更对整个社会风气产生了恶劣的影响。为什么会这样呢？原因在于，一些大学生在网络世界中，忘记了社会良知和道德准则。他们在键盘的背后，肆意发泄自己的情绪，不顾他人的感受，甚至进行恶意攻击。这种行为，无疑是对道德的践踏，也是对文明的破坏。因此，面对这一现象，教育者需要高度重视大学生网络素养的教育和引导。首先，教育者要让学生明确认识到，网络空间并非一个法外之地，而是在社会公共秩序的范畴之内。在网络世界中，大学生应该遵循以德为先的用网原则，尊重他人，保护自己，使自己的网络表现符合社会良知与道德准则。其次，教育者要通过具体的案例，让学生深入了解不道德网络行为的危害。这样，他们才能真正从内心深处产生对道德的敬畏，从而自觉地约束自己的网络行为。最后，教育者还需要创设良好的网络环境，引导学生积极参与网络素养建设。只有这样，我们才能共同营造一个文明、健康、有序的网络空间，让每一个人都能在其中享受到网络带来的便捷和快乐。

（二）培养大学生尊法守法的自觉

随着互联网的普及和发展，网络已经成为人们日常生活的重要组成部分。然而，与此同时，大学生网络犯罪事件也时有发生，这不仅违反了网络文明，也给社会带来了负面影响。这类事件的频发，很大程度上是由于部分大学生对互联网相关法律知之甚少，缺乏法治意识。因此，我们要强调网络法治的重要性，并以大学生为切入点，强化他们的法治意识，从而构建一个更加文明、安全的网络空间。法治是网络文明的保障。一个国家法治的强大，意味着网络空间的有序和清朗。在我国，国家积极推进网络法治建设，不断完善相关法律法规，以确保网络空间的安全稳定。法治强则网络强，只有将法治精神融入网络治理，才能让网络空间更加清朗，为广大网民创造一个良好的网络环境。网络法治必须从大学生做起。大学生作为网络空间的重要参与者，其法治意识的强弱直接影响到网络文明的建设。当前，部分大学生对互联网相关法律知之甚少，缺乏尊法守法的自觉性。这种现象不利于网络文明的发展，也不符合我国法治建设的总体要求。因此，有必要加强大学生的网络法治教育，提高他们的法治意识。教育者必须将引导大学生尊法守法作为他们网络素养培育的重要任务。学校、家庭和社会应当共同努力，加强对大学生的网络法治教育，使他们充分认识到网络犯罪的社会危害性，树立正确的法治观念。通过多元化的教育方式，提高大学生的法治意识，培养他们遵纪守法的良好习惯。

（三）培养大学生维护网络正能量的担当

大学生作为网络环境中的重要群体，应当具备强烈的责任感和担当精神。然而，令人遗憾的是，部分大学生在网络环境下缺乏社会主人翁意识，对社会责任抱着事不关己的态度。这种现象不仅对网络环境的优化不利，也对大学生自身的成长产生了负面影响。因此，我们需要唤醒大学生的社会主人翁意识，重塑网络责任感，引导他们自觉抵制网络负能量，维护网络正能量。首先，唤醒大学生的社会主人翁意识是当务之急。在网络环境下，大学生不仅是网络信息的接受者，更是网络环境的创造者和维护者。他们应当意识到，维护网络环境的健康有序，是每个网民的责任，更是当代大学生的使命。通过各种形式的教育和引导，让大学生认识到自己在网络环境中的主体地位，激发他们的责任感，是推动网络环境改善的关键。其次，重塑大学生的网络责任感。在网络环境下，大学生应当具备辨别是非的能力，对网络信息进行理性判断。在这个过程中，大学生需要树立正确的价值观，明确自己的社会责任。这不仅要求大学生具备专业的知识素养，还要求他们具备高尚的道德品质，以积极的态度参与到网络环境的维护中。最后，引导大学生自觉抵制网络负能量，维护网络正能量。大学生应当时刻保持警惕，对网络中的虚假、恶劣信息说"不"。他们应当学会用理性的态度看待网络现象，用正能量影响和感染身边的人。同时，大学生还需在现实生活中践行社会主义核心价值观，将自己的言行与网络环境相结合，以实际行动维护网络正能量。

三、锻造大学生网络应用的核心能力

随着互联网的飞速发展，我国大学生网民在网络空间中占据着举足轻重的地位。他们的网络素养与我国互联网发展的质量和水平密切相关。因此，如何培育大学生的网络素养，引导他们智慧融网，成为当下教育领域的一项重要任务。

培育大学生网络素养的目标之一是锻造他们网络应用的核心能力。在互联网已成为社会发展重要驱动力的今天，大学生作为国家未来的中坚力量，必须具备扎实的网络应用能力。这不仅有助于他们在学术、职业等领域取得优异成绩，更能让他们在网络世界中明辨是非，抵御不良信息的侵害。教育者在培育大学生网络素养的过程中，需要重视培养他们的信息鉴别能力。在网络环境中，谣言和虚假信息泛滥，大学生容易受到误导。因此，教育者要引导大学生学会分辨网络信息的真实性，增强他们对网络谣言的免疫力，从而使他们在网络世界中保持清醒的头脑。此外，网络圈层化现象使得大学生接触的信息趋于片面化，这不利于他们全面了解社会、认识世界。教育者需要引导大学生跳出自己的网络圈层，拓宽视野，了解多元文化。同时，教育者还需鼓励大学生生产正能量的网络文化产品，传播主流价值观，以期营造一个健康、向上的网络空间。

理想信念是中国共产党人奋斗的政治灵魂，是共产党人精神上的"钙"。党的百年历程，展现出共产党人坚定的信仰信念，诠释出马克思主义真理的伟大力量，彰显出社会主义制度的显著优势。党员、干部要从学习党的百年历史中，深刻领悟共产党人追求真理的坚定执着，持续深化对共产党执政规律、社会主义建设规律、人类社会发展规律的认识。在新时代，教育者肩负着培育大学生运用网络拓展自我的能力，引导他们将网络作为解决现实问题、增长个人才干的重要工具和重要平台。教育者要以锻造大学生网络自我发展能力为目标，培养新时代青年具备理想信念、奋斗精神。

大学生应主动运用网络获取信息、开阔眼界、提升自我，而不是长时间沉迷网络娱乐、消极上网。教育者要引导青年正确看待网络，善用其优势，避免陷入网络的泥淖。青年强则国强，新时代青年应能主动运用网络自我学习和自我发展，为实现社会主义现代化国家的建设贡献力量。面对新时代的挑战，我国青年必须具备坚定的理想信念、奋斗精神，勇于担当，为实现中华民族伟大复兴的中国梦努力拼搏。

马克思主义始终站在无产阶级和人民大众的立场，全心全意为人民谋利益。在党的百年历程中，共产党人坚定的信仰信念、马克思主义真理的伟大力量以及社会主义制度的显著优势得到了充分展现。在新时代，我们应继续弘扬这一伟大传统，培养具有理想信念、奋斗精神的青年，为实现社会主义现代化国家的建设贡献力量。

总之，在互联网时代，培育大学生网络素养具有重要意义。教育者要做好引导工作，着力提升大学生的网络应用能力、信息鉴别能力和跨圈层认知能力，引导他们智慧融网，为我国互联网发展贡献力量。同时，大学生自身也要时刻保持警惕，自觉抵制网络谣言和不良信息，积极参与正能量的网络文化创作，共同营造一个健康、和谐的网络环境。

第二节　大学生网络素养培育的原则

一、坚持自律与他律双管齐下

（一）自律与他律：探索个体行为约束的力量来源

在我国古代经典《左传·哀公十六年》中，自律这一概念首次被提出。它指的是在无外界条件约束的情况下，个体能够自觉地遵循道德规范和行为准则，约束自身思想和行为的力量。作为一种内在的、自觉的约束力量，自律在我国历史发展中扮演了重要角色，对个体和社会的和谐稳定起到了积极作用。自律的内涵丰富而深刻，它强调个体要充分发挥主观能动性，建立对事物的正确认知。通过自我调控，使自身行为符合自我期望和要求。这种自我约束力量不仅体现在道德品质方面，还表现在工作、学习、生活等各个方面。自律使个体能够在面对诱惑和困境时，保持清醒的头脑，坚守信念，实现自我提升。与他律相比，自律具有明显的区别。他律是一种外在的、非自愿的约束力量，可以分为强制性他律和引导性他律。强制性他律主要包括国家法规、校园规范等强制性的规定，而引导性他律则源于家庭环境、社会风尚等因素。他律主要依靠外部规定和环境进行约束，个体在这种约束下往往缺乏自主性和创造性。

在现实生活中，自律与他律相辅相成，共同维护社会的秩序和个体的成长。自律能够激发个体的潜能，培养良好的道德品质和行为习惯，而他律则为个体提供了一种规范化的行为导向。在我国，家庭、学校、社会等多方面共同发挥着引导性他律的作用，促使个体遵循道德准则，实现自我约束。

（二）自律与他律的关系

自律与他律是一对辩证的哲学概念，二者相辅相成，无法割裂。在个体成长过程中，他律是自律的前提，而自律是他律的保障。首先，他律是指个体通过家庭、学校、社会的教育，将外界的规范内化于心。这个过程对于培养个体的自律能力至关重要。家庭是个体成长的摇篮，亲情教育教会我们尊重长辈、关爱他人；学校教育则让我们学会遵守纪律、团结协作；社会教育则使我们懂得遵纪守法、敬业诚信。在这些他律的过程中，个体逐渐认识到了规范的重要性，从而为他律转化为自律奠定了基础。其次，自律是指个体自觉认同家庭、学校、社会的教育，使他律发挥良好效果。当个体在社会生活中能够自觉地遵循规范，将其内化为自身行为时，他就实现了从他律到自律的转变。自律不仅使个体在遵循社会规范的同时，还能主动约束自己的行为，更能积极主动地调整自己的心态，使自己更加适应社会环境。而他律在此过程中起到了保障作用，确保个体在遵循社会规范的过程中，不偏离轨道。总之，自律与他律相辅相成，二者共同构成了个体在社会生活中的行为准则。他律为自律奠定基础，使个体了解并认同社会规范；自律为他律提供保障，使个体在社会生活中自觉遵循规范。在我国社会主义核心价值观的指导下，个体应当充分认识自律与他律的重要性，努力实现他律向自律的转变，为建设和谐社会做出贡献。

（三）把握和利用自律与他律的关系

在当今社会，网络已成为人们生活和学习的重要组成部分。教育者在培养大学生网络素养方面，需把握和利用自律与他律的关系，坚持自律与他律相统一的培育原则。首先，教育者应通过传授知识和制定规范，让大学生认识网络，了解网络行为规范。网络知识教育可以帮助大学生建立起正确的网络价值观，使其在网络环境中具备辨别是非的能力。通过制定网络行为规范，教育者可以引导大学生遵循社会公德，尊重他人权益，维护网络秩序。其次，教育者应通过环境熏陶和文化涵育，引导大学生形成网络自律。一方面，教育者要创设一个健康、向上的网络环境，使学生在良好的环境中自然地接受网络素养的熏陶；另一方面，教育者要积极传播优秀网络文化，让大学生在文化涵育中提升自身网络素养。再次，教育者需尊重大学生的主体地位和用网权利，促使他们在用网过程中自觉提高网络素养。教育者要关注大学生的网络需求，引导他们正确行使用网权利，自觉履行网络素养义务。在此基础上，教育者还要注重培养大学生的网络责任意识，使其在享受网络便利的同时，充分认识到网络安全、网络秩序的重要性。最后，教育者在培养大学生网络素养的过程中，要注重发挥自律与他律的合力。在实践中，教育者既要发挥自身的引导作用，又要充分调动大学生的主观能动性，使他们在自我教育、自我约束中不断提高网络素养。

总之，教育者在培养大学生网络素养时，应充分把握和利用自律与他律的关系，坚持自律与他律相统一的培育原则。通过知识传授、环境熏陶、文化涵育和尊重大学生主体地位等措施，教育者有望帮助大学生形成良好的网络素养，为构建和谐、安全的网络空间贡献力量。

二、坚持网上与网下双驱并行

随着互联网的普及和技术的不断创新，网络已经成为人们日常生活中不可或缺的一部分。在这个背景下，网络素养的培育显得尤为重要。对于高校思想政治教育工作者来说，如何利用网络这个平台，创新和探索网络教育模式，提高大学生的网络素养，是一项重要的任务。

首先，网络素养是基于网络活动而产生的。这意味着，教育工作者需要因事而化、因时而进、因势而新，以网络为"课堂"，探索和创新网络教育模式。网上教育是一种超越时空限制的教育，它可以增强学生与教师之间的沟通交流，及时解决大学生在网络中遇到的困难。这种教育模式不仅有助于提高大学生的网络素养，还可以培养他们的自主学习能力和解决问题的能力。其次，网上教育是一种趣味化的教育。教育者可以利用短视频、微课程等方式，在轻松愉悦的氛围中帮助大学生学习网络知识、提升网络素养。这种教育方式可以激发学生的学习兴趣，使他们更愿意主动参与到网络知识的学习中来。然而，网上教育也存在一定的局限性。比如，它是非面对面式的教育，教育者无法直接获悉学生的学习状态，评价学生的学习效果。因此，在开展网上教育的同时，我们不能忽视传统线下教育模式在培育大学生网络素养方面的作用。传统线下教育模式具有很多优势，比如教育者可以根据学生的年龄特点、心理特点、上网习惯等，有针对性地设置网络素养培育内容。这种教育方式有助于提高大学生的网络素养，同时也有利于培养他们的团队合作精神和沟通能力。

综上所述，培育大学生网络素养需要结合网上教育和传统线下教育两种模式。只有这样，才能更好地提高大学生的网络素养水平，使他们能够在网络世界中做出明智的选择，成为具有良好网络素养的现代人。在这个过程中，高校思想政治教育工作者肩负着重要的责任，他们需要不断探索和创新网络教育模式，为大学生提供更加有效的网络素养培育途径。

三、坚持认识与实践双向转化

认识与实践的关系是辩证统一的，这是一个不断反复的过程。人类的认识是在具体实践中产生的，实践是认识的基础和目的。这个过程可以概括为实践、认识、再实践、再认识的反复。实践是认识的基础，因为没有实践，就没有认识。人们在实践中遇到问题，然后试图去解决问题，这个过程中就产生了认识。这个认识无论是对于个体还是对于整个人类社会，都是不可或缺的。实践是人类认识世界的起点，也是认识的归宿。认识对实践具有指导作用，这是认识的目的所在。人们通过认识世界，获得对世界的理解，从而能够指导实践，改造世界。认识的目的是服务于实践，让实践更加有效、更加有力。然而，认识对实践的指导作用有正面的，也有负面的。正确的、科学的认识能推动实践活动的开展，促进社会的发展。然而，伪科学的、错误的认识则会阻碍实践活动的开展，甚至可能导致严重的后果。因此，我们必须要重视认识的辩证发展过程，不断地从实践中获取认识，再用认识指导实践。这个过程不是一次性的，而是反复进行的。只有这样，我们才能确保我们的实践活动是科学的、有效的，才能推动社会的进步。

认识的起点和归宿都是围绕着实践的。实践是认识的基础和目的，认识则是实践的指导和动力。我们必须要在实践中不断地认识，不断地反思，以便更好地指导实践，推动社会的进步。认识与实践的辩证关系是我们进行所有实践活动的基础和前提，只有深刻理解并把握好这一关系，我们才能在实践中取得更大的成就。在我们的生活和工作中，必须时刻保持对世界的认识，用正确的认识指导我们的实践，从而实现个人和社会的全面发展。

随着互联网技术的飞速发展，网络已经深入到我们生活的方方面面，对于大学生这个特殊群体来说，网络素养的提升显得尤为重要。网络素养不仅仅是关于网络的认识，更是关于网络实践的体现。大学生网络素养的提升，需要从提高认识和加强实践两方面入手。认识是行动的基础，对网络技术、网络安全、网络素养等的正确认知是提升网络素养的第一步。因此，大学生需要加强理论学习，对网络世界有更深入的理解。知识性学习是培育大学生网络素养的基础。通过学习，大学生可以了解到网络技术的发展历程、现状以及未来趋势，从而对网络有一个全面的认识。同时，大学生还需要学习网络安全知识，了解如何保护个人信息，预防网络诈骗，提升网络安全防护能力。此外，网络素养的学习也同样重要，大学生需要明确网络行为的规范，树立正确的网络价值观。然而，认识与实践是无法割裂的，网络素养的提升需要将二者有机统一、相互对接。这就需要我们在理论学习的基础上，积极参与网络实践。这不仅可以检验和巩固我们的理论知识，更能提升我们的实践能力。在培育大学生网络素养的过程中，我们需要注重理论教学与实践教学的平衡。一方面，我们要确保大学生有充足的理论知识储备；另一方面，也要给他们提供充足的实践机会，让他们在实践中锻炼自我。我国正处于网络强国建设的关键时期，大学生作为网络使用的主力军，有责任也有能力为网络强国建设贡献力量。因此，我们需引导大学生在实践活动中锤炼自我，提升网络素养，以参与网络强国建设。

总的来说，大学生网络素养的提升是一个系统的工程，需要我们从认识和实践两方面入手，通过理论学习与实践锻炼，不断提升自我，为我国网络强国建设做出贡献。

四、坚持继承与发展相统筹

道德，作为人类社会的一种精神财富，承载着对行为的规范和引导。

它起源于现实生活，却又不限于现实，随着互联网的发展，网络素养这一新的道德形态应运而生。这不仅体现了人类社会发展的必然趋势，也揭示了道德的传承与创新。现实道德是人们在长期社会生产实践活动中形成的，是精神世界的一笔宝贵财富。它深入人心，规范着人们的行为，维护着社会的和谐稳定。然而，随着互联网的普及，网络空间的出现带来了新的道德挑战。网络素养，作为新的道德形态，具有发生和不断发展的必要性和独立性。网络素养并非任意出现，它是对现实需要的追求和满足，是对现实道德的继承和超越。它是现实道德在网络空间的延伸和拓展，也是对现实道德的补充和完善。因此，我们不能忽视网络素养的重要性，更不能忽视其在现代社会中的独特地位。

在众多的社会群体中，大学生的网络素养教育尤为重要。大学生网络素养教育是一种以网络素养为对象的实践活动，受到现实道德教育的作用和影响，具有新的内涵和时代特征。它旨在引导大学生在网络空间中树立正确的价值观，规范网络行为，维护网络秩序。大学生网络素养教育既要以现实道德教育为基础，又要有机融合网络素养教育的任务要求和大学生的成长成才基本规律。这不仅是对现实道德教育的传承，更是对网络素养教育的创新。为此，我们需要创造出符合新时代新情况新要求的科学的、合理的教育体系。然而，我们不能照搬现实道德教育的目标、内容和方法等来解决网络空间中出现的行为失范、犯罪等问题。网络空间的特殊性要求我们有针对性地进行网络素养教育。充分借鉴现实道德教育的普遍规律和基本经验，以此为基础，结合网络空间的特性，才能达到最终的教育目标。总的来说，大学生网络素养教育是一项重要的社会任务，它既需要对现实道德教育进行深入研究，又需要对网络素养教育进行创新实践。只有这样，我们才能培养出具有良好网络素养的大学生，为构建和谐的网络社会贡献力量。

网络空间的虚拟性、广泛性和无限性等特点，使得道德教育面临着前所未有的挑战。在新型时空发展下，大学生网络素养教育必须关注时代特点，紧跟时代发展。这不仅是进行道德教育的内在要求，也是确保道德教育成果的有效途径。因此，开展大学生网络素养教育时要把握规律性，彰显时代性，从而为培养具有网络素养的社会主义建设者和接班人奠定基础。

继承与发展相协调的原则体现在以下几个方面：一是继承传统道德教育的优秀成果，将中华民族优秀传统文化融入网络素养教育，强化学生的道德认同；二是关注网络素养教育的现实问题，针对网络空间的失德现象，提出切实可行的教育措施；三是创新发展网络素养教育方法，充分利用现代科技手段，提高教育质量。

新时代大学生网络素养教育的根本任务是立德树人。为此，教育工作者要关注学生的个体差异，因材施教，培养学生的道德自觉。同时，要将网络素养教育与德育、智育、体育、美育等各个领域相结合，形成全面育人的格局。在此基础上，进一步推动网络素养教育的体系化、规范化建设，为培养具有全球视野、道德品质的优秀人才贡献力量。

五、坚持共性与个性相协调

教育，是国家的根本大计，是党的事业的重要组成部分。其根本任务是立德树人，旨在培养德智体美劳全面发展的社会主义建设者和接班人。在新时代，这一任务尤为重要，特别是在网络素养教育方面。网络素养教育是新时代大学生教育的重要组成部分，它的目标旨在培养出一大批有德行、重伦理、知底线、讲文明的新时代中国好网民。为了实现这一目标，我们必须坚持党的全面领导，确保网络素养教育的政治方向和价值导向。在网络素养教育的各要素、各方面、各环节，我们必须统一于马克思主义的指导地位和基本立场，反映习近平新时代中国特色社会主义思想。这是我们教育工作的根本遵循，也是我们培养新时代好网民的重要保障。在开展新时代大学生网络素养教育的过程中，我们要满足学生成长发展的需要和期待，充分考虑教师、教材、教学、学生等方面的统筹联系问题。我们要探寻各种内容、方法、载体要素的多样化协同，构建课内课外协同育人格局，实现线上线下畅通。网络素养教育的内容包括思想铸魂和价值引领、网络心理健康教育、网络行为规范教育等多维度的教育内容。教育方法包括正面灌输法、案例分析法、移情训练法、自我教育法、实践锻炼法等。教育载体包括课程载体、活动载体、网络载体等。我们既要遵循道德教育根本任务的统一性，又要体现教学模式的多样性原则。这样才能真正实现网络素养教育的目标，培养出一批有道德、有素质、有责任的新一代网民。

总之，新时代大学生网络素养教育是一项系统工程，需要我们全面谋划、全面推动、全面落实。只有这样，才能为我国的教育事业做出更大的贡献，为实现中华民族伟大复兴的中国梦奠定坚实的基础。

第三节　把握新时代大学生网络素养教育的育人机制

在全国高校思想政治工作会议上，习近平总书记着重强调，我国高等教育事业的发展必须坚持立德树人作为中心环节，全面贯穿教育教学全过程，实现全程育人、全方位育人，以此为引领，开创我国高等教育事业发展新局面。2020年4月，教育部等八部门联合发布的《关于加快构建高校思想政治工作体系的意见》进一步明确提出，要以立德树人为根本，以理想信念为核心，以培育和践行社会主义核心价值观为主线，全面提升高校思想政治工作质量。这一意见凸显了立德树人在我国高等教育事业发展中的重要地位。"三全育人"是指全方位、全过程、全面推动育人工作，旨在实现人人、事事、时时、处处育人的良好局面。它与"大学生网络素养教育"相互促进、相互融合，共同以培养德智体美劳全面发展的社会主义建设者和接班人为目标。然而，如何在教育实践中培养社会主义建设者和接班人，提高整体社会道德水平，以及通过何种机理和过程实现这一价值追求，是育人机制问题的关键。在这个问题上，"三全育人"提供了有力的解答。"三全育人"不仅是工作原理，更是工作要求，是新时代大学生网络素养教育必须把握的机制，也是实现任务目标的重要保障。全方位、全过程、全面的育人模式，既强调了教育的全面性，也体现了教育的连续性，有助于将立德树人贯穿到教育教学的每一个环节，实现全程育人、全方位育人。

一、推进全员化协同育人

在新时代，全民网络化的背景下，大学生网络素养教育显得尤为重要。全员化育人作为一种强调人人皆可育人的教育理念，旨在推动每个人都能参与到网络素养教育工作中来。然而，当前我国大学生网络素养教育工作仍然存在一些问题，亟待改革和完善。健全专业的育人队伍是新时代大学生网络素养教育工作的前提。当前，实践中存在育人"缺位"问题，即未能将网络素养教育全面纳入各岗位的工作职责。这导致大学生网络素养教育工作被片面认为是思想政治教育工作者的职责，缺乏全员参与共识。此外，育人体系缺乏整体性设计，各部门协同不足，存在"部门化""孤岛化"现象。为解决这些问题，我们需要打破传统单一的育人主体观念。全员化育人要求我们提升育人主体责任和能力，制定和完善相应制度，确保统筹协调、共同推进。各部门应积极参与网络素养教育工作，形成整体合力，共同为大学生营造一个健康向上的网络环境。

全员化育人是一种富有时代特色的教育理念，我们需要在实践中不断探索和完善，以期推动我国大学生网络素养教育工作的全面发展。让我们共同努力，为培养具有良好网络素养的大学生贡献一份力量。

（一）凝聚合力，健全育人格局

随着信息技术的高速发展，网络已经成为人们日常生活和学习的重要组成部分。然而，网络环境的复杂性和信息传播的迅速性也给大学生的网络素养带来了严峻的挑战。为提高我国大学生的网络素养，我们需要加强顶层设计和系统谋划，构建全面的教育工作体系。首先，我们需要建立领导小组，该小组应涵盖相关职能部门、学院、专业课教师、思想政治教育理论课教师、辅导员等成员代表。领导小组的建立有助于对大学生网络素养教育工作进行统一领导和协调，确保各项工作有序推进。其次，我们要建立院系二级大学生网络素养教育工作组织，形成全校范围内的全员育人格局。二级组织的建立可以使网络素养教育更加贴近学生，更好地满足学生的实际需求。在此基础上，我们需要厘清各部门工作人员在大学生网络素养教育工作中的职责边界，建立责任清单，形成既有分工又有协作的系统联动。这有助于确保各部门之间的工作协调，避免推诿责任和相互依赖，从而提高工作效率。此外，为打破育人"部门化""孤岛化"现象，我们应加强多部门、多层级的协同联动。这意味着各部门之间要积极开展合作，共享资源和信息，共同为大学生网络素养的提升贡献力量。最后，我们还应制定师德师风建设长效机制，完善教职员工聘用制度，创新育人工作激励机制等。这些措施有助于提高教职员工的职业道德，激发他们投身于网络素养教育的热情，为大学生提供更加优质的教育服务。

（二）建强队伍，提升育人水平

随着互联网技术的飞速发展，大学生网络素养教育工作日益凸显其重要性。在这一背景下，如何提升大学生的网络素养，成为教育工作者们关注的焦点。本书将从教育主体、专业课教师队伍、教辅人员队伍以及行政管理队伍四个方面，探讨如何加强大学生网络素养教育工作。

首先，针对大学生网络素养教育工作的教育主体，我们需要进行差异化培训，明确他们在工作中的定位，提升他们的责任意识和育人能力。在实际操作中，可以定期组织培训班，使教育主体深入了解网络素养教育的内涵和外延，从而更好地开展工作。其次，专业课教师队伍在大学生网络素养教育中起着举足轻重的作用。他们要立好"风向标"，通过专业系统的课堂讲授，传递网络素养教育相关知识，增强学生们的思想境界和个人修养，树立正确的网络素养观。此外，教师还需以身作则，带头践行网络道德规范，为学生树立良好的榜样。再者，教辅人员队伍在大学生网络素养教育中扮演着"把关人"的角色。他们要密切关注学生的网络生活轨迹，及时干预学生的网络不良习惯，引导大学生健康的网络行为。此外，教辅人员还需加强与学生的沟通交流，了解他们的网络需求和困惑，为学生提供有针对性的指导。最后，行政管理队伍要建起"防火墙"，管理和分流校内网络资源，保证校内网络的访问质量和信息安全。同时，设置过滤词等，做到网上的裁决处理和网下的沟通教育。此外，行政管理队伍还需加强对网络舆情的监控和分析，及时发现和处置网络安全隐患，为大学生营造一个安全、健康的网络环境。

二、打造全程化贯通育人

在新时代，全程化育人作为一种重要的育人理念，日益受到广泛关注。它强调育人工作要贯穿于办学治校、教育教学和学生成长成才的全过程，旨在为学生提供一个全方位、全过程的教育环境。在这种理念下，大学生网络素养教育被视为一个长期的、系统的教育过程，需要从外到内进行不断内化。

（一）开展链条化教育

在当今信息时代，网络已经成为人们生活、学习、工作的重要部分。

对于大学生这个特殊群体来说，网络素养的提升显得尤为重要。为了培养具有高网络素养的大学生，我国提出了开展链条化教育，构建专科、本科、硕士、博士各年级、各层次的链条式网络素养教育布局。大一新生作为大学生活的起点，应以提高网络素养认知为主。这意味着他们需要全面掌握网络素养知识，学会辨别网络信息的真伪，抵制垃圾信息和不良信息的干扰和侵蚀。这不仅有助于他们树立正确的网络价值观，更能帮助他们养成良好的网络行为。随着大学生活的深入，中年级大学生应在丰富网络素养情感和锤炼网络素养意志上下功夫。这意味着他们需要守住情感堡垒，遵守网络素养规范，不为诱惑所动，保持理智。这样，他们才能在网络世界中稳住脚跟，避免陷入网络陷阱。针对即将毕业的大学生或更高阶段的硕士、博士，我们应注重实践训练，培养他们的担当意识、服务意识、创新意识等。通过实践，他们可以树立正确的网络世界观与网络价值观，为今后的工作和生活打下坚实基础。为了确保大学生网络素养教育的有效衔接、无缝对接，实现在校大学生的全范围覆盖，我们需要制定一套完善的教育体系。这套体系应涵盖各个年级、各个层次，确保每一位大学生都能得到网络素养教育。此外，我们还应以实践训练的方式，帮助学生养成正确的网络素养行为。这不仅能增强他们的终身学习能力，还有助于他们在现实生活中运用网络素养知识，实现学以致用。

总之，开展链条化教育，构建专科、本科、硕士、博士各年级、各层次的链条式网络素养教育布局，有助于全面提升大学生的网络素养。在这个过程中，我们要关注不同年级大学生的需求，制定有针对性的教育方案，让每一位大学生都能在网络世界中游刃有余，为我国培养出一批具有高网络素养的栋梁之材。

（二）建立教育教学质量监管体系

教育教学质量是教育工作的生命线，关乎国家人才培养的未来。近年来，我国高度重视教育教学质量的监管工作，致力于建立完善的教育教学质量监管体系，以实现教育教学的全过程覆盖，确保立德树人的根本任务得以贯彻落实。在全面深化教育领域综合改革的过程中，我们需要系统梳理大学生学业生涯成长阶段中的质量监测点。这其中包括课程学习、实践能力、综合素质等方面的关键节点，以推动全过程育人质量的监测和矫正。通过制定科学合理的质量监测指标体系，我们可以更好地评估教育教学效果，发现并及时解决问题，确保人才培养质量。随着大数据技术的飞速发展，将其应用于教育教学过程的监测和矫正已成为时代发展的必然趋势。大数据技术可以帮助我们实时获取教育教学过程中的各项数据，为教育决策提供有力支持。基于大数据分析结果，我们可以针对性地调整育人内容与方法，制定诊断与改进措施，从而不断提高教育教学质量。

在新时代背景下，网络素养已成为大学生必备的技能之一。为实现"一对一"精准教育，我们需要充分利用大数据技术，深入了解每位学生的需求和特长，为学生提供个性化的教育资源和教学方案。同时，我们还应关注大学生网络素养教育的内涵发展，培养学生的创新精神、实践能力和道德品质，助力他们成为德智体美劳全面发展的社会主义建设者和接班人。

三、促成全域化融合育人

全域化融合育人是新时代大学生网络素养教育的关键路径。只有把握这一路径，我们才能构建全面立体的育人空间，提升大学生网络素养教育的质量，培养出具备良好网络素养的新时代人才。为此，各方面应共同努力，不断探索和实践全域化融合育人的有效模式，为新时代大学生网络素养教育注入新的活力。

（一）加强线上资源与线下资源的共建共享

网络已经成为人们生活的重要组成部分，大学生的网络素养也成为教育界关注的焦点。在这个过程中，线上资源与线下资源的共建共享显得尤为重要。线上资源与线下资源各具特色，互相补充，相互呼应，共同构建起一个全面丰富的育人环境。网络素养问题源于现实生活空间，网络素养教育需要现实生活提供的道德实践资源。线上育人资源有助于在真实的网络环境下规范大学生的网络素养行为。这些资源包括丰富的课程内容、专家讲座、实时资讯等，为大学生提供了提升网络素养的便捷途径。与此同时，线下育人资源丰富了网络素养教育的实践形式，如朋辈交流、榜样学习、志愿服务等，让大学生在实际操作中提高网络素养。新时代的大学生网络素养教育不能用"线下"代替"线上"，也不能用"线上"涵盖"线下"。线上与线下各自有其优势，只有充分发挥各自优势，才能更好地推动大学生网络素养教育的发展。线上资源不受地域、时间限制，可以让大学生随时随地学习；线下资源则能让大学生在面对面交流中增进彼此了解，提升团队协作能力。要注重线上与线下的无线畅通，加强线上资源与线下资源的共建共享。学校、家庭和社会应共同努力，打造一个线上线下相结合的网络素养教育体系。在这个过程中，各部门要打破信息孤岛，实现数据共享，为大学生提供更加丰富、更具针对性的网络素养教育资源。同时，要注重线上线下的互动，如开展线上线下相结合的讲座、研讨会等活动，让大学生在实际操作中提高网络素养。

（二）推进课内资源与课外资源的有效衔接

随着互联网的普及，网络素养教育已经成为大学教育的重要组成部分。我国的大学生网络素养教育主要分为第一课堂和第二课堂。

第一课堂涵盖了思想政治理论课程、大学计算机基础、大学心理健康教育等公共基础课程，以及网络伦理学、互联网信息安全等选修课程。这些课程旨在帮助学生树立正确的网络价值观，提升网络技术素养，增强网络信息安全意识。除此之外，我们还要深入挖掘各类学科专业课中的育人资源，使其与网络素养教育形成协同效应。这意味着，无论是理论教学还是实践操作，都应注重网络素养的培育，使学生在专业学习的过程中，自然地提升网络素养。

第二课堂则注重实践性和文化性。实践活动资源具有灵活多样性，能实现网络素养教育工作的因事而化、因时而进、因势而新。这意味着，我们要根据学生的实际情况，适时调整教育内容，使之更具针对性。同时，实践活动也要紧跟时代潮流，引导学生正确看待和使用网络。校园文化资源则具有隐性功能，能通过举办各类文化活动，营造良好的网络氛围，引导学生自觉提升网络素养。校园文化是对校内育人资源的有益补充，能让学生在潜移默化中接受网络素养教育。然而，我们也要意识到，"一站式"育人资源获取不易、整合困难。为解决这个问题，我们要推进课内资源与课外资源的有效衔接，如开展校际合作，共享优质网络素养教育资源。

总的来说，我国大学生网络素养教育旨在培养学生正确的网络价值观，提升网络技术素养，增强网络信息安全意识。我们要充分发挥第一课堂和第二课堂的优势，推进课程同向同行，形成协同效应。同时，我们也要注重实践活动的灵活多样性和校园文化的隐性功能，使之成为网络素养教育的重要支撑。最后，我们要推进课内资源与课外资源的有效衔接，为大学生提供"一站式"的网络素养教育资源。

（三）注重校内资源与校外资源的深度融合

教育是国家和社会发展的基石，关系到每个人的成长和成才。在当今网络时代，大学生网络素养教育尤为重要。校内与校外教育形态不同，但都关系到学生成长成才。因此，大学生网络素养教育需要深度融合两种教育形态的资源，以全面提升大学生的网络素养。

首先，我们要深入挖掘并优化利用校内的育人资源。校内育人资源包括课程、文化、实践、网络、管理等，这些都是提升大学生网络素养的重要途径。课程资源可以通过设置专门的网络素养课程，让学生系统地学习网络知识和文化；文化资源可以通过举办网络文化活动，提升学生的网络文化素养；实践资源则可以通过组织网络技术竞赛、网络公益活动等，让学生在实践中提高网络技能。

其次，家庭育人资源，特别是家风资源，也需要我们有效激发。家长应关注子女思想动态，营造民主、平等、自由的家庭氛围。在与子女共同学习使用网络的过程中，家长可以以身作则，引导子女正确使用网络，培养良好的网络素养。

此外，我们还要充分利用社会育人资源。例如，网络公益活动、社会调查活动、特色节日宣传活动等社会实践育人资源，都可以充分调动大学生的积极性，让他们在实践中提高网络素养。同时，我们还需要加强与社会合作，做好网络舆情监管工作，为大学生创造一个良好的网络生态环境。

总之，大学生网络素养教育需要深度融合校内与校外教育形态的资源，充分发挥各类育人资源的作用。通过优化课程设置、激发家庭资源、利用社会资源等方式，全面提升大学生的网络素养，为我国培养一批具有良好网络素养的年轻人，助力社会和谐发展。

第六章

大学生网络素养培育的对策

第一节　强化社会网络素养培育保障职能

一、完备网络素养教育相关政策

随着互联网的普及，越来越多的大学生开始接触并依赖网络。然而，网络空间的虚拟性和不确定性也带来了诸多安全隐患，对此，我国已经出台了《中华人民共和国网络安全法》《个人网络信用管理条例》等法律法规，以保护公民的网络安全和个人信息。然而，违法分子总是试图钻法律的空子，因此，我们需要有针对性和预见性的防御策略。首先，针对大学生这一特殊群体，我们需要引导他们树立正确的网络法制观念。在网络空间，大学生不仅需要享受网络带来的便利，更要明确自己在网络空间所需履行的各项义务。这些义务包括但不限于：保护个人隐私，不泄露他人隐私；尊重知识产权，不盗版、抄袭；遵守网络素养规范，不传播谣言、不恶意攻击他人等。其次，我们需要理顺网络空间的规则，让大学生明确违反法规法条后需要承担的责任。这既包括法律责任，如刑事责任、民事责任等，也包括道德责任，如声誉损失、人际关系破裂等。通过明确责任，让大学生认识到网络并非无法无天的空间，而是需要自觉遵守规则的公共领域。在此基础上，我们还需保障大学生网上冲浪的基本权益。这包括信息安全、言论自由、个人隐私等方面的权益。只有确保这些基本权益得到保障，大学生才能在网络空间中充分发挥自己的潜能，实现个人成长。

《信息安全等级保护管理办法》是我国信息安全领域的一项重要法规，它的实施对于保护公民个人信息隐私以及自主知识产权具有重大意义。在当前信息技术高速发展的背景下，网络安全问题日益突出，加强对公民个人信息隐私的保护以及自主知识产权的维护，是维护国家信息安全、保障人民群众利益的重要举措。首先，我们要提前制定信息安全事件应急预案。信息安全事件应急预案是在面临信息安全事件时，及时采取措施，防止损失扩大的重要手段。通过提前制定应急预案，我们可以对可能出现的信息安全事件进行预判和规划，一旦发生信息安全事件，就能够迅速启动应急预案，最大程度地减少损失。其次，我们必须严厉打击侵犯国家安全和公共利益的犯罪行为。对于那些通过网络手段侵犯国家安全和公共利益的犯罪行为，我们要坚决打击，严厉惩处，以维护我国的国家安全和公共利益。同时，我们还需要持续完善网络公民个人信息保护机制。在当前网络环境下，公民个人信息的安全问题越发突出，我们需要建立健全个人信息保护机制，让人民群众在享受网络便利的同时，也能够确保个人信息的安全。此外，我们应积极推进网络实名制，绑定有效证件。网络实名制是保障网络信息安全的重要手段，通过实名制，我们可以有效识别网络用户，从而防止一些不法行为的发生。最后，我们还需要对平台和个人的惩罚机制进行定性定量分析。对于那些违反信息安全法规的平台和个人，我们要依法进行严厉处罚，以此来警示其他平台和个人，增强他们的信息安全意识。《信息安全等级保护管理办法》的实施对于我国信息安全保护工作具有重要指导意义。我们需要严格按照该办法的规定，加强对公民个人信息隐私的保护，同时保护自主知识产权，为建设安全、健康的网络环境贡献力量。

在当今数字化时代，网络发展日新月异，我国已经取得了显著的成果。然而，面对日益复杂的网络环境，我们应当如何紧握网络发展主动权，确保网络话语权和领导权，成为网络发展的掌舵者呢？以下几点关键措施值得我们关注和落实。首先，提升自主创新的能力至关重要。我国已经进入了5G时代，而6G技术和虚拟现实领域的发展也日益受到关注。这些领域需要大量具备专业知识和技能的人才投身其中，为我国网络发展提供强大的创新驱动。政府部门和企业应当加大对人才培养的投入，提高人才的待遇和地位，吸引更多优秀人才投身网络事业。其次，加强网警培训，提高应对新型网络病毒和舆情的能力。网络空间的安全和稳定关系到国家安全、社会稳定和民众利益。我们必须加强网警队伍建设，提高网警的专业素质和执法能力，以应对不断翻新的网络犯罪和舆情事件。此外，确保网络话语权和领导权，引导正确舆论走向。在网络传播渠道多元化的背景下，我们要积极主动地发声，传播正能量，引导网络舆论走向。通过权威、公正、客观的信息传播，提升我国在国际网络空间的影响力。同时，我们要完善核心基础网络设备设施，强化思想武装。核心技术是网络发展的基石，我们要加大投入，强化研发，努力在关键核心技术领域实现突破。此外，加强党员干部的网络素养培训，用习近平新时代中国特色社会主义思想武装头脑，确保网络发展的正确方向。最后，党的领导和指示是网络发展的掌舵者。党的领导是中国特色社会主义最本质的特征、最大的优势。我们要充分发挥党的领导作用，为网络发展提供战略规划、政策支持和组织保障，确保网络发展始终符合国家战略需求和人民群众利益。

随着全球化进程的不断推进，网络安全威胁也日益呈现出跨境、跨区域的复杂性。为了有效应对这一挑战，我国亟须加强跨境跨区域执法司法合作，以维护网络安全和稳定。网络安全是国家安全的重要组成部分，大数据安全规划应纳入总体国家安全观的基础保障工程。我们要在确保稳扎稳打的前提下，积极推进大数据安全规划的实施，为网络安全提供坚实保障。在促进网络新兴事物发展的同时，我们也要严控安全底线，确保网关安全。这要求我们在鼓励创新的同时，不忘网络安全，为网络新兴事物的发展划定合理的边界，确保其在安全的轨道上运行。完善网络相关的法律法规，加强司法保护和行政执法力度，是维护网络安全的重要手段。我们要不断优化网络维权、申请仲裁或公证等程序，提高服务效率，为民众提供更加便捷、高效的网络法治服务。政府顶层设计在网络治理中起着关键作用。我们要持续推进自我改革，让智能数字生活造福民众，实现科技与人文的和谐发展。2021年，中央网信办实施的"饭圈治理"取得了显著成效，有效控制了互联网资本垄断和畸形产业链发展。这一经验值得我们借鉴，以促进网络生态的持续改善。为进一步推进网络治理工作，我们需继续加强网络治理力度，为构建健康、有序的网络环境提供便利。这需要我们充分发挥政府、企业、社会组织和公民个人的积极作用，共同维护网络空间的和谐与稳定。

二、建立线上网络素养教育平台

（一）形成系统全面的宣传方式

在当今数字化时代，网络安全问题越发突出，尤其是对于大学生这一群体，由于网络素养不高，容易成为网络诈骗的受害者。为此，我们需要形成系统全面的宣传方式，提高大学生的网络素养，帮助他们树立防骗意识。首先，我们可以利用国家网络安全宣传周这个平台，举办一系列大学生可以参与的主题活动。这些活动可以包括讲座、研讨会、知识竞赛等形式，旨在让大学生深入了解网络安全知识，提高他们的网络素养。此外，还可以邀请专家、学者和相关部门负责人参与活动，为大学生提供权威、实用的网络安全信息。其次，编辑大学生网络素养教育系列丛书也是一种有效的宣传方式。这些丛书可以涵盖网络安全意识的培养、防范网络诈骗、保护个人隐私等方面的内容。通过阅读这些书籍，大学生可以系统地学习网络安全知识，增强自我保护能力。同时，丛书还可以结合实际案例，让大学生更加深刻地认识到网络安全问题的严重性。此外，近年来支付宝等企业推出的安全学院项目也为提高大学生网络素养提供了有力支持。安全学院采用答题专场、防骗云上课堂等形式，介绍常见的诈骗信息套路，揭秘集团诈骗话术，帮助学生树立防骗意识。这些活动既有趣味性，又能让学生在轻松愉快的氛围中学习网络安全知识，提高他们的防范意识。

（二）紧握网络主动权

马克思主义立场的重要性在于，它始终站在无产阶级和人民大众的角度，全心全意为人民谋利益。这一立场不仅代表了无产阶级和劳动人民的利益，也代表了全世界最多数人的立场，从根本上说，它就是全人类的立场。这种立场使得马克思主义具有鲜明的人民性质和进步性，使其成为推动社会历史发展的强大动力。在当今社会，我们面临着西方精致利己主义思潮的侵蚀，这种思潮试图扭曲人们的价值观，使人们偏离马克思主义的立场。为了抵制这种思潮，我国主流媒体必须承担起宣传正向价值理念的责任，坚持毫不动摇的马克思主义立场。只有这样，我们才能在思想上守住防线，确保人们的精神家园不受侵蚀。此外，我们还应为社会性网站营造良好的社会氛围。这样的氛围有利于大学生等网络公民获取官方权威信息，减少信息沟通的障碍。在这个基础上，我们还应完善政府门户网站和各个官方网站的建设，保障大学生网络公民的知情权和参与权。这样，我们才能使更多的人接触到马克思主义，使他们在实践中更好地践行马克思主义立场。

总之，我们要坚定不移地坚持马克思主义立场，以此为指导，我们在网络空间中弘扬正能量，抵制错误思潮，为构建社会主义现代化国家营造良好的舆论氛围。同时，我们还要不断完善政府门户网站和各个官方网站的建设，保障公民的知情权和参与权，让更多的人在实践中践行马克思主义立场。这样，马克思主义的价值和意义才能在当今社会得到更好的体现。

（三）网络平台要接受监督

随着互联网的迅猛发展，网络平台已经成为人们获取信息、交流互动的重要途径。然而，网络环境的复杂性以及信息传播的迅速性，使得网络平台的监管成为一项重要任务。对此，我们需要从以下几个方面加强网络平台的建设，为用户创造一个健康、有序的网络空间。首先，网络平台需要接受监督，加强自身建设。这意味着平台要时刻关注内容的合规性，杜绝违法违规信息的出现。同时，平台还需不断完善内部管理制度，提高服务质量，以确保用户在使用过程中的体验。其次，团队在制作内容时，需要细心打磨脚本编写、拍摄流程。从选题到策划，从拍摄到剪辑，每一个环节都应注重质量把控，以期在内容发布时能够吸引更多用户关注。优质内容是网络平台的核心竞争力，只有把好内容关，才能在激烈的竞争中脱颖而出。第三，邀请专业人员评估内容的优质程度，做好网络信息传递的把关人。这意味着在内容发布前，要有一道专业的审查工序，以确保信息真实、准确、有价值。这不仅有利于提升整体内容质量，还能有效减少不良信息对用户的负面影响。第四，定期清理网络中的不良信息。网络平台需要建立健全不良信息监测机制，对涉及违法犯罪、低俗色情、谣言诽谤等不良信息做到及时发现、迅速处理。同时，要积极倡导文明上网，引导用户自觉抵制不良信息，共同营造良好的网络环境。最后，为青年大学生营造一个舒适良好的网络社交环境。青年大学生是国家的未来和希望，我们有责任为他们提供一个健康、向上的网络空间。这需要全社会共同努力，包括家庭、学校、企业等多方共同参与，共同为青年大学生打造一个舒适良好的网络社交环境。

总之，加强网络平台建设，打造健康网络环境，是全社会共同的责任。让我们携手努力，共同为用户提供一个优质、安全、便捷的网络空间。

（四）提升用网安全，文明上网

随着互联网的普及，网络已经成为我们日常生活中不可或缺的一部分。然而，网络环境的安全与健康也日益引起人们的关注。在我国，多家企业和平台纷纷行动起来，致力于提高用户的网络素养和安全意识。近日，字节跳动企业旗下的西瓜视频推出了一项名为"护苗行动绿书签"的网络素养课。该课程旨在通过丰富的教学内容，提高用户的网络素养和安全意识。用户在学习过程中，可以了解到网络安全的重要性，以及如何在网络环境中保护自己。此举体现了我国对于网络环境治理的重视，也为广大用户提供了学习网络知识的新途径。此外，学习强国作为一款国内知名的学习平台，也高度重视网络素养教育工作。平台提供了各种板块，以满足不同受众的需求。在新思想和党的历史理论学习方面，学习强国有着明确的分工。同时，平台还关注网络安全教育，通过丰富的学习内容，帮助用户提高网络素养。同样，中国山东网也发布了网络文明素养微课堂专题视频集。这些视频旨在通过丰富的视听体验，帮助大学生积累网络安全知识。此举体现了我国在网络素养教育方面的持续推进，也为大学生提供了便捷的学习资源。在网络时代，提高网络素养和安全意识至关重要。上述三家企业和平台在行动，我们也有理由相信，在全社会共同努力下，网络环境将越来越安全、健康。让我们从自身做起，提高网络素养，共同营造一个美好的网络空间。

（五）共同创建一个安全、健康的网络环境

随着互联网的普及，网络诈骗案件也日益增多，其中电信诈骗更是成为社会的一大痛点。为此，我国在2021年下半年采取了创新性的宣传方式，利用直播平台进行防电信诈骗宣传，取得了显著的成果。在这一年里，民警与网络主播通过连麦的方式，将防电信诈骗的知识传播给广大网

民。这种新颖的宣传方式吸引了大量粉丝，甚至引发了一场现象级的联动。直播圈中的这场变革让网民深受震撼，纷纷主动参与到防范电信诈骗的行动中来，共同守护网络空间的安全。为了进一步提高大学生防范诈骗的意识，国家反诈中心推出了一款同名APP。这款应用旨在维护电信网络安全，帮助大学生增强防骗能力，并提供举报投诉的渠道。通过实时更新大量案例和骗局曝光，让大学生对网络诈骗有更深刻的认识，提高警惕，避免上当受骗。国家反诈中心APP的推出，不仅让大学生意识到网络诈骗的严重性，还激发了他们对网络安全的热切关注。这款应用犹如一把利剑，斩断了电信诈骗的黑色产业链，为维护社会稳定做出了贡献。在未来，我们希望看到更多具有公益性质的软件和国家反诈中心APP一起，共同构建良好的网络环境。让广大网民在享受网络便利的同时，能够安心、放心，不再受到诈骗的侵扰。我们相信，在全社会共同努力下，电信诈骗终将无处遁形，网络空间将变得更加清朗。

三、带动社会成员共同参与监管

（一）防止大学生游戏沉迷

电竞产业近年来的快速发展，使得越来越多的人，尤其是大学生对其产生了浓厚兴趣。然而，并非所有大学生都具备成为职业选手的潜质，长时间沉迷游戏更会对学业和生活产生严重影响。因此，适当的"电竞劝退"对于防止大学生游戏沉迷具有显著效果。一项研究表明，在众多大学生中，仅有极少数人具备成为职业选手的潜质。此外，第三方机构的数据也显示，我国92.35%的大学生并无成为专业玩家的潜质。这意味着，大多数大学生在电竞领域并无优势，过度地沉迷游戏只会导致时间的浪费和学业的下滑。那么，如何让这部分大学生认识到自身与职业选手的差距，从而及时止损呢？短期超高强度的加时训练和模拟赛制是一种有效的方法。

通过这种方式，大学生可以亲身体验到职业选手的日常训练和生活，从而认识到自己在电竞领域的实际地位。另外，有7.65%的大学生实际上具备一定的潜质，他们可以通过加强训练角逐比赛冠军。这种做法有助于促进资源的重置，使得真正有潜力的选手有机会脱颖而出，同时也让大部分大学生认识到自己在电竞领域的事实地位。在这个过程中，社会的帮助是至关重要的。学校、家庭和社会都应该积极参与，帮助大学生进行合理的职业规划，引导他们认识到自己在电竞领域的发展前景，从而实现一举多得的好事。

（二）持续网络技术创新

在当今的网络社会，一种有趣的现象逐渐显现出来：大量用户反复复制同一种信息，形成了一种被称为"模因"的现象。这种现象犹如网络中的流行病毒，迅速传播，短时间内便能在大众中产生深远影响。其中，亚文化凭借其传播迅速、通俗易懂的特性，在大学生群体中尤为受欢迎。随着时间的推移，这些亚文化逐渐从圈层突破，进入主流舆论场，产生广泛的影响。这不仅体现了当代年轻人对于文化多样性的追求，也展示了亚文化在当代社会中的强大生命力。然而，网络技术创新所带来的风险同样不容忽视。由于其短期内的回报难以预期，许多创新项目在初期便面临着转化为沉没成本的风险。这种情况在很大程度上限制了创新的热情和动力，进而影响了我国网络技术的发展。此外，资本对于垄断和红利带来的巨大效益的关注，也使得一些具有创新性的项目难以获得足够的关注。资本的趋利性使得它们更愿意投资那些能够快速获得回报的项目，而对于创新性的项目则显得相对冷淡。面对这样的情况，我国需要采取积极的措施，以支持创新产业的开发和优化升级。政府应当增加对创新项目的政策扶持和项目拨款，为它们提供足够的资金支持。同时，还需要进一步完善相关法律法规，保护创新者的权益，激发社会创新活力。

（三）改变传统的传播方式

在如今的信息时代，越来越多的人通过网络平台获取资讯和知识。大学生作为网络活跃群体，他们的关注点尤为引人关注。近期，一批优秀的博主如大漠警示、罗翔、人民网、孝警阿特、观察者网等受到大学生的热烈追捧，他们的每一篇更新都能引发广泛的讨论和关注。这些博主之所以受到大学生的热烈欢迎，原因在于他们传递了正能量。在他们的作品中，我们看到了对社会的关爱，对正义的坚守，对知识的传播。他们以独特的叙事手法，深入浅出地解析社会现象，使关注者受益匪浅。他们的言论和精神内涵，不仅鼓舞了大学生追求真理、追求正义的决心，也给他们提供了看待问题的全新视角。此外，这些博主还具有极高的社会责任感。他们关注社会热点，回应民生关切，用鲜明的立场和深入的分析为公众答疑解惑。他们以自己的行动，践行了有益于社会的公众人物应下沉到百姓信息市场的理念。这一做法不仅拓宽了大学生的信息获取渠道，也为公众人物树立了良好的榜样。值得一提的是，这些博主在传播信息时，采用了轻松诙谐的表现手法。这种风格并未影响信息的真实性和可靠性，反而拉近了群众与政府各部门的距离。在轻松的氛围中，大学生更愿意接受这种沟通方式，从而使政策宣传和知识普及变得更加高效。

（四）"红客联盟"

在我国，有一个电脑天才组成的专属联盟，他们致力于保护我国的国家信息安全，这个联盟被称为"红客联盟"。他们与国外的"白帽子"黑客组织一样，都是运用自己的技术和实力，为维护网络安全做出贡献。他们的存在，不仅提升了我国在网络空间的地位，也使我国在全球网络安全领域拥有更强的话语权。"红客联盟"的成员们，都是具备高超电脑技能的年轻人。他们利用自己的技术实力，不断探索网络空间的未知领域，发现并修复网络安全漏洞，打击网络犯罪行为，为我国网络空间的安全稳定提供了有力保障。他们的努力，使我国在网络安全领域取得了世界顶尖的地位，成为全球网络安全领域的一股重要力量。社会应当积极引导这些组织和个人，善用他们的能力，为我国的国家安全做出更多贡献。对于那些拥有电脑天赋的大学生，我们应当引导他们合理使用网络，将他们的才华用在正确的道路上，为我国的网络安全事业贡献力量。同时，我们也要帮助这些年轻人坚守爱国情怀，让他们明白，自己的技术和才能不仅可以为自己赢得荣誉，更能为祖国和人民做出贡献。我们要让他们意识到，利用网络技术守护国家安全，是他们的责任和使命。

（五）媒体平台要全方位维护网络秩序

随着互联网的快速发展，媒体平台在信息传播中的作用日益突显。然而，随之而来的是一系列挑战，如违规内容的层出不穷，这不仅损害了网络环境的清洁，也给广大网民带来了负面影响。为了解决这一问题，媒体平台需要采取一系列措施，加强内容审核，确保网络空间的安全。首先，媒体平台应扩充审核团队。一个强大的审核团队是确保内容安全的基础。通过招聘具有专业素养和丰富经验的工作人员，可以提高审核效率和准确性，从而有效遏制违规内容的传播。其次，重新制定并持续完善更新审核机制。一个科学、合理的审核机制是保证内容安全的关键。媒体平台应根据实际情况，不断调整和完善审核标准，确保每一个环节都严谨有序。接着，对全站内容安全性进行地毯式排查。这意味着要对平台上的所有内容进行严格审查，找出潜在的违规信息，并及时处理，以确保广大网民的利益。此外，团队人员应具备坚定的政治立场和丰富的从业经验。这是因为他们需要准确判断内容是否符合国家法律法规，是否有悖于社会道德，从而确保网络空间的清朗。在处理违规内容时，媒体平台应严格遵循法律法规和管理制度。对于违反规定的内容，要实施惩罚措施，包括追究法律责任、封号、扣除信用积分和账号禁言等。这既是对违规者的警示，也是维护网络秩序的必要手段。最后，媒体平台需要维持网络秩序。这要求平台在加强内容审核的同时，还要关注网络空间的动态，及时处理可能引发社会不稳定的事件，为广大网民营造一个健康、有序的网络环境。

第二节　构建高校网络素养教育体系

一、完善高校网络素养教育课程

（一）保持政治性和严密性

在当今信息爆炸的时代，大学生们在获取知识信息的过程中，很容易受到首因效应的影响。所谓首因效应，是指人们在认知过程中，首先接收到的信息会对后续的信息产生影响。这对于大学生来说，意味着他们在初始的学习阶段，尤其需要保持政治性和严密性，以免受到碎片化或不良信息的影响。在这个背景下，提升网络素养显得尤为重要。在我国，思政课正是承担这一任务的重要途径。近年来，多所大学的爆款思政课燃爆全网，不仅在校内受到热烈欢迎，更在全社会引起了广泛关注。这些课程通过生动、贴近生活的案例，成功引导学生们提升了网络素养，树立了正确的价值观。然而，在网络环境下，如何夺回学生的注意力，将他们的目光从手机屏幕转向课堂，是教师们面临的一大挑战。在这一方面，一些教师已经做出了积极探索，例如通过平台发弹幕等形式，实现师生之间的实时交流，让学生在课堂上感受到更多的互动和参与。与此同时，课程内容的革新也至关重要。教师们需要结合日常生活中的实例，引导学生探索深层次的道理，使知识获取过程不再枯燥。通过这种方式，学生们在掌握学科知识的同时，也能提升自己的网络素养，培养良好的道德修养。在此基础上，我们还应该将提高网络素养与爱国主义教育相结合，不断更新迭代学科内容。这样一来，学生们在成为新时代优秀网络公民的过程中，也能更好地肩负起民族复兴的使命，为实现中国梦贡献力量。

（二）调整大学生计算机基础公共课

在当前社会，我们可以明显感受到，软件和短视频的快速发展对人才的需求越来越大。这种需求不仅体现在视频剪辑、脚本文案创作、后期制作等技术上，更体现在对各类综合性人才的渴求上。在这样的背景下，我国大学教育也在不断进行调整和改革，以适应这一社会趋势。首先，计算机基础公共课的调整是至关重要的。随着互联网的普及，网络素养教育的内容应该被融入计算机基础公共课，让学生在学习计算机技术的同时，也能够掌握网络素养，从而更好地应对网络环境下的各种挑战。此外，技术性教程也应当与网络素养教育有机融合，让学生在提升技术能力的同时，也能够养成良好的网络行为习惯。其次，我们还需要尝试改变大学生沉迷短视频的现状。短视频虽然有趣，但过度地沉迷却可能影响到学生的学习和生活。因此，我们需要引导学生从被动的观看者转变为积极的创作者和参与者。通过短视频创作和发布，形成一个良性互动的闭环，以此来转移网络游戏沉迷带来的消极影响。此外，大学生在不断提升技术能力的同时，网络人文素养的培养也同样重要。学校应当引导学生主动宣传社会主义优秀文化，培养他们爱党爱国爱人民的情感。这不仅有助于提升大学生的网络素养，也有利于他们成为移动时代的代表人物，用他们的知识和技能为社会做出贡献。

（三）降低信息茧房的排他性

随着互联网的普及，大学生们越来越依赖于网络进行学习、娱乐和社交。然而，网络环境的复杂性和信息茧房效应使学生在获取知识时容易陷入过强的目的性，导致知识储备不全面。为了提高大学生的综合素质，学校应当合理倾斜资源，鼓励学生在专业指导下进行网络优质内容创作，跳出舒适区，勇于挑战自我。首先，学校应当关注大学生网络使用现状，认识到信息茧房排他性所带来的负面影响。在此基础上，制定相应措施，引导学生在网络环境中进行多元化探索，拓宽知识领域。例如，可以通过举办讲座、研讨会等形式，邀请专业人士为大学生提供网络知识结构的建议，帮助他们认识到网络优质内容的多元性。其次，学校应加强对网络优质内容的推广，鼓励学生在专业指导下进行创作。这不仅有助于提升大学生的创新能力和实践能力，还能使他们生产出更多具有价值的信息，促进网络环境的优化。为此，学校可以设立相关课程或项目，提供资金和技术支持，以便学生充分发挥潜能，产出高质量的网络内容。此外，学校还需引导学生自主跳出舒适区，勇于尝试多元化知识领域。为此，学校可以积极开展各类活动，如知识竞赛、创新项目等，让学生在实践中感受到挫败后的成长和收获。这样的经历能让学生更快地认识到自己的优势和不足，从而激发他们不断挑战自我，追求全面发展的动力。

二、优化高校特色网络校园文化

随着科技的不断进步，教育行业也在不断地寻求创新和发展。近年来，"云学霸"模式的出现为教育平台提供了新的创新思路。特别是在新冠疫情期间，远程直播上课等形式发挥了重要作用，使得教育行业能够在困难的环境中保持正常地运转。未来，我们可以尝试将部分课程改为线上授课，以提高教育的时效性。"云学霸"模式的优势在于，它突破了传统教育的时空限制，让学生可以随时随地参与学习。这种模式不仅可以提高教育的效率，还可以让学生在更短的时间内接触到更多的知识。此外，线上授课还可以充分利用网络资源，为学生提供更多优质的教育资源。然而，仅仅改变授课方式还不够，我们还需要关注学生的心理健康和素养教育。在教育过程中，我们应当注重培养学生的共情能力，防止"同情疲劳"。为此，我们可以定期邀请网络信息员和社会优秀人士组成的讲师团，进行以"提升大学生网络素养"为主题的专题互动讲座。这些讲座可以涉及识别电信诈骗、校园网贷、预防网络沉迷、科普网络安全知识等丰富多彩的内容。通过这些讲座，我们希望学生在提升网络素养的同时，也能学会关爱他人，关心社会，培养良好的道德品质。在未来的教育实践中，我们将继续探索和创新，将"云学霸"模式与素养教育相结合，为学生提供更高质量的教育。我们相信，在全社会共同努力下，我国教育事业必将取得更为辉煌的成果。

随着互联网的普及，大学生们越来越依赖网络获取信息、交流思想和娱乐休闲。然而，网络环境中的诸多问题也日益显现，如何引导大学生网络参与，培养健康的网络素养，成为一个亟待关注的问题。首先，我们需要重视大学生网络参与的自觉性和规范性。在网络空间，大学生应该树立主人翁意识，积极参与网络治理，成为维护网络清明的有生力量。为此，学校可以组建网络宣传志愿者队伍，加强对违法信息的监管，共同营造一个健康向上的网络环境。其次，大学生网民容易出现"群体极化"的心理偏向，因此，合理使用校园氛围，引导网络话题导向和政治正确至关重要。我们可以成立学生网络信息互助平台，设置管理员答疑解惑，以引导同学们理性看待网络信息，避免盲目跟风、偏激言论。此外，社团活动也是提升大学生网络素养的重要途径。学校可以鼓励社团组建网络素养提升小组，推动校园内优秀网络文化的传播，提高师生对网络的理解和应用能力。通过举办讲座、培训课程等形式，让同学们更好地认识网络，用网络优势助力个人成长。最后，我们还应关注大学生的人文素质教育。将中华优秀传统文化融入课堂内外，通过红色教育、党的历史教育、文学艺术和体育活动，培育大学生健全的人格和道德素养。这将有助于他们在网络环境中保持理性，传播正能量，为构建和谐网络空间贡献力量。

总之，加强大学生网络素养教育，既需要学校、社会和家庭的共同努力，也需要同学们自身不断修炼。让我们携手共进，共同营造一个健康、文明、和谐的网络环境，为大学生成长和国家发展贡献力量。

三、组建高校网络素养师资队伍

（一）学校要整合资源

随着全球化的发展，国内外教育信息的交流变得越来越重要。然而，我国大学生在获取这些信息时，面临着渠道受限的问题。这不仅限制了他们的视野，也影响了我国教育事业的发展。为了解决这个问题，学校应当发挥资源整合作用，为学生提供更便捷的信息获取途径。首先，学校应充分利用其丰富的教育资源，为学生提供国内外教育信息的获取渠道。这包括邀请国内外专家举办讲座、组织学术交流活动等。此外，学校还可以与国内外优秀高校建立合作关系，共享教育资源，让学生在校内就能接触到最新的教育理念和实践。其次，学校应引进专业水准的复合型技术人才，对教师和学生干部进行培训。这样的人才可以协助学校搭建和完善信息化平台，使得教育信息获取更加便捷。同时，通过对教师和学生的培训，可以提高他们运用现代信息技术的能力，从而更好地利用这些渠道获取所需信息。此外，学校还可以创办具有独特校园优势的直播平台和账号。这些平台可以定期发布国内外教育动态、专家讲座等内容，让学生随时随地了解最新资讯。同时，学校还可以鼓励教师和学生积极参与直播互动，分享自己的见解和经验，打造一个全方位、多层次的交流平台。最后，学校要让传统教师"走出去"，通过校外培训、专项教学、交流先进意见等方式，提升教师的网络素养。这不仅有助于教师自身的发展，也能让他们在信息获取和传播方面更好地指导学生。同时，学校还应鼓励学生积极参加各类实践活动，提高他们的信息敏感度和判断力。

（二）高校教师要树立终身学习的观念

随着互联网的普及和信息技术的迅速发展，高校教师在教育教学过程中面临着巨大的挑战。为了防止职业倦怠，教师需要树立终身学习的观念，不断更新知识，创新教学方法。在此过程中，教师应充分利用互联网资源，提高自身网络素养，与学生共享知识，培养学生的绿色健康上网意识。首先，高校教师应树立终身学习观念以防止职业倦怠。在信息爆炸的时代，知识更新的速度极快。教师要紧跟时代步伐，通过不断学习，提高自身的综合素质和教育教学水平。只有不断充实自己，才能在教学过程中保持活力，激发学生的学习兴趣。其次，教师应根据互联网内容更新知识，创新教学方法。互联网上有丰富的教育资源，教师可以从中汲取有益信息，不断完善自己的知识体系。同时，教师要善于运用互联网技术，创新教学手段。例如，可以利用在线教育平台开展翻转课堂，引导学生课前预习，课堂讨论和互动，提高教学效果。再者，教师在授课过程中应融入网络素养内容，与学生资源共享。网络素养是现代社会公民必备的基本素质。教师要在教学过程中引导学生正确认识和评价网络信息，提高信息鉴别能力。同时，教师可以与学生共享优秀的网络资源，促进教学资源的整合和优化。此外，积极分析新兴热点，多角度剖析根本原因，也是高校教师应具备的能力。新兴热点往往反映了社会发展的趋势和时代特征。教师要关注新兴热点，从中挖掘教育教学资源，帮助学生拓宽视野，提高综合素质。同时，教师要善于从多角度剖析问题的根本原因，引导学生理性思考，培养学生的批判性思维。最后，高校教师要向学生传递绿色健康上网益处，善用网络资源。教师要以身作则，引导学生正确使用网络，养成良好的上网习惯。同时，要向学生传递网络正能量，弘扬社会主义核心价值观，培养学生的道德情操。

总之，高校教师应树立终身学习观念，不断更新知识，创新教学方法。在教学过程中，教师要关注互联网动态，提高自身网络素养，与学生资源共享。同时，要关注新兴热点，多角度剖析问题，传递绿色健康上网理念。通过以上措施，有望有效防止职业倦怠，提高教育教学质量，为培养德智体美劳全面发展的社会主义建设者和接班人贡献力量。

（三）高校教师要不断更新理念

随着网络技术的飞速发展，大学生们的生活已经与网络紧密相连。在这个背景下，高校教师肩负着教育和提升大学生网络素养的重要使命。他们不仅需要传递知识，还要引导大学生正确使用网络，使其成为学习和生活的好帮手。然而，面对日新月异的网络环境，教师们在履行这一使命时，也需要不断地更新自己的理念和理论。这包括掌握网络传播的基本规律、了解网络文化的特点和演变，以及关注网络时代的教育理念变革。这样，教师们才能更好地指导大学生应对网络世界的挑战和机遇。深入学生群体，了解大学生网络使用情况及意见，是实现教育使命的关键步骤。教师们应该主动与学生沟通交流，了解他们在网络中的需求、困惑和问题。这有助于教师从学生的实际需求出发，制定更具有针对性的教育策略。在了解学生需求的基础上，教师们还需探析沟通中的隐患和问题，找到规律并调整工作计划。这要求教师具备敏锐的洞察力和分析能力，能从海量信息中提炼出关键点，为学生提供有益的指导。同时，教师还应关注教育方式方法的改进，使网络素养教育更具有实效性。在教育过程中，尊重大学生个人话语权也是至关重要的。教师们要关注学生的个性差异，尊重他们的观点和见解，鼓励他们表达自己的看法。这样，才能激发学生的积极性，使他们更愿意接受网络素养教育。

（四）合理利用网络便利媒体

随着社会的快速发展，高校面临的环境也日益复杂，突发情况时有发生。面对这些突发情况，高校应制定积极应对预案，明确职责，以确保校园的和谐稳定。首先，高校应建立健全应急响应机制，对可能出现的突发情况进行预测和评估，制定出具体的应对预案。同时，明确各级职责，确保在突发情况发生时，各部门能够迅速行动，共同应对。此外，高校还应加强与其他相关部门的沟通与合作，以便在需要时能够得到及时的支持和援助。其次，高校教师在应对突发情况时，应调整个人情绪，保持积极乐观的心态，以身作则，带领大学生共同应对困难。教师是高校稳定的基石，他们的积极态度和担当精神会对学生产生深远的影响。因此，教师队伍在面临突发情况时，应充分发挥自身优势，为学生提供精神支持，与他们共同渡过难关。在这个网络信息时代，网络思政教育应纳入高校教师工作考核体系，加强顶层设计。高校教师应充分利用网络便利媒体，对学生进行网络素养教育和思想政治教育。这样既能提升学生的网络素养，增强他们的信息鉴别能力，又能引导他们树立正确的世界观、价值观和人生观。同时，教师队伍应对不良网络舆情保持高度敏感，及时发现并分析其中的风险点，建立防御机制。一旦发现不良网络舆情，应迅速采取措施，如发布权威信息、开展舆论引导等，以维护校园的和谐稳定。此外，还需加强对师生的网络素养培训，提高他们在网络环境中的自我保护意识。

（五）组建大学生参与度高的网上思政课堂

随着互联网的普及和发展，网络已成为人们获取信息、交流互动的重要场所。尤其是在大学生群体中，网络平台的影响力更是不可忽视。因此，如何将组建优质网络文化传播平台，转化为大学生参与度高的网上思政课堂，成为一项重要任务。首先，我们要意识到，传播有深度、内容丰富、内涵丰富的信息，是影响大学生实践行为的关键。这些信息不仅能够丰富大学生的精神世界，更能引导他们积极参与社会实践，将理论知识转化为实际行动。因此，我们要充分利用网络平台，传播有益于大学生成长的知识和信息，引导他们树立正确的世界观、人生观和价值观。其次，教师在网络思政课堂的构建中起着至关重要的作用。他们需要合理整合媒体资源，打造交互性强的网络素养教育大平台。这样，大学生在参与网络互动的过程中，不仅能提高自身的网络素养，还能在潜移默化中接受思政教育。此外，我们还要鼓励大学生通过项目参与，实现学以致用，有所收获。实践是检验真理的唯一标准，通过实际操作，大学生可以将理论知识与实际相结合，进一步提高自身的能力和素质。在新媒体时代，新兴队伍逐渐成为意见领袖和网络舆情校园风向标。他们承担着党的喉舌在大学场域发声的重要任务，为广大师生传递正能量，营造良好的网络氛围。最后，我们要认识到，构建优质网络文化传播平台，对大学生网络文明行为学习、传承红色基因、践行社会主义核心价值观起到积极作用。网络思政课堂不仅要传播知识，更要弘扬正能量，引导大学生树立正确的价值观，成为有担当、有责任的新时代青年。

第三节　增强家庭教育的辅助作用

一、更新家庭教育观念

（一）家长应积极参与网络活动

随着科技的飞速发展，网络已经成为我们日常生活中不可或缺的一部分。对于家长来说，网络不仅是一种工具，更是一种挑战。如何在这场网络革命中扮演好家长的角色，成为许多家庭面临的课题。首先，家长应积极参与网络活动，接受文化反哺，提升网络技能。在网络时代，信息传播速度快，家长与孩子之间的沟通很容易受到网络文化的影响。家长若不能紧跟网络发展的步伐，很容易与孩子产生代沟。因此，家长应主动学习新知识，不断提高自身网络素养，使自己能够更好地理解孩子的需求。通过积极参与网络活动，家长可以更好地了解孩子的兴趣爱好，进而引导孩子养成健康的网络习惯。其次，家长应以开放心态接纳网络，不简单地否定网络，学会用辩证态度看待网络发展。网络作为一把双刃剑，既有积极的一面，也有消极的一面。家长应认识到网络的优势，如便捷的信息获取、跨地域的沟通交流等，同时警惕网络的负面影响，如成瘾、网络暴力等。在孩子使用网络时，家长应给予适当的引导，让孩子明白网络的工具属性，养成良好的网络素养。最后，家长应理解学生沉迷网络的原因，并非仅仅因为网络诱惑，而是逃避现实的心理导致。在孩子沉迷网络的问题上，家长应关注孩子的心理健康，多与孩子沟通，了解他们在现实生活中所面临的压力。家长应鼓励孩子勇于面对现实，培养他们的自信心和抗压能力，使他们在现实生活中找到乐趣，从而减少对网络的过度依赖。

（二）家长从心理角度给予学生帮助

家长的职责之一就是为学生提供全方位的支持，这其中包括在心理层面给予他们必要的帮助。在孩子成长的道路上，家长的角色举足轻重，他们需要引导学生正确看待自己，从而建立起健康的自我认知。此外，家长还应帮助孩子理解，网络交往并非真实生活的全部，而是生活中的一部分。在这个虚拟世界里，学生应该关注的是人本身，而非仅仅活在别人期待的目光中。在这个瞬息万变的时代，家长有必要引导学生关注人的潜能和价值。这个过程需要家长耐心引导，让他们明白每个人都有独特的价值，不应受外物的侵扰和影响。人生价值并非仅仅由他人的评价决定，而是由自己内心深处的追求和努力来塑造。在社会交往中，学生往往会出现地位型次级人格，这在一定程度上会影响他们与人交往时的态度。为了避免这种情况，家长需要引导学生尊重他人，理解人与人之间的平等关系。这样，孩子在与人交往时就能更好地把握分寸，避免过度依赖或过分追求地位。家长还需要引导孩子与世界平等对话。在这个过程中，孩子可能会遇到各种挑战，但他们需要明白，这些挑战并不意味着他们需要贴上"依附他人"的标签。相反，他们应该勇敢地面对困难，与世界平等对话，从而实现自我价值的提升。最后，家长要帮助孩子避免生活陷入困难模式。这需要家长在孩子面临困境时给予关爱和支持，帮助他们调整心态，努力将生活调整至普通模式。家长要让孩子明白，生活中总会遇到挫折，但关键在于如何面对和解决问题。

（三）教育大学生进行维权

随着社会的不断发展，大学生作为高素质的人才，他们在接受高等教育的同时，也需要学会保护自己的权益。因此，需要强调教育大学生进行维权的重要性，家庭在大学生维权中的责任，以及在个人信息被泄露时的应对措施。此外，我们还将阐述及时报案和搜集证据的重要性，以及家长监督和协助警察取证的必要性。首先，教育大学生进行维权的重要性不容忽视。在当前社会，各种侵犯大学生权益的现象时有发生，如学术不端、就业歧视、合同违约等。大学生若不能维护自己的权益，不仅可能导致个人利益的损失，还会影响整个社会的公平正义。因此，教育大学生掌握维权知识，提高维权意识，是维护社会和谐稳定的重要举措。家庭在大学生维权中承担着重要责任。家长要将维权观念融入家庭教育中，让孩子明白自己的权益不容侵犯。同时，家长要在孩子面临维权问题时，给予关心和支持。在必要时，家长可以协助孩子寻求法律途径，维护他们的合法权益。当大学生个人信息被泄露时，应及时采取应对措施。首先，要密切关注自己的账户和信息安全，更改密码，防止进一步的信息泄露。其次，要及时报案，向有关部门提供证据，以便尽快查明泄露信息的原因。在这个过程中，家长应监督和协助警察取证，为维护孩子的权益提供有力支持。及时报案和搜集证据的重要性不言而喻。报案可以为受害者争取到宝贵的调查时间，有利于尽早查明真相，将犯罪分子绳之以法。同时，搜集证据是维权的关键环节。受害者及其家长要积极配合警方调查，提供相关证据，为日后维权打下坚实基础。在维权过程中，要求违法机构和商家删除相关信息、道歉及承担法律责任是合理合法的。大学生及其家长要坚定立场，维护自己的权益。同时，要尽量减少恶劣影响，寻求适当赔偿。这既是对自己的关爱，也是对社会的负责任表现。

总之，大学生维权是一项涉及个人、家庭、社会等多方面的综合性工作。只有提高维权意识，掌握维权方法，才能更好地保护自己的合法权益。家庭在大学生维权中扮演着关键角色，家长要关注孩子的权益状况，及时报案、搜集证据，协助警方查明真相。同时，大学生要勇敢地维护自己的权益，要求违法者承担法律责任，为自己争取到一个公平、正义的生活环境。

二、发挥正确引导作用

随着社会的不断发展，家长在教育孩子方面面临着越来越多的挑战。仅仅提供情感上的支持已经不足以满足孩子成长的需求，家长需要给孩子具体的指导，为他们指明方向。

首先，家长应给孩子具体指导，而非仅仅是情感上的支持。在孩子成长过程中，他们会遇到各种问题和困难。这时，家长需要给予有针对性的期望和愿景，鼓舞学生勇敢面对挑战，激发他们自主寻找解决问题的方法。尽管家长可能在某些方面无法提供具体意见，但有针对性的期望和愿景能帮助孩子建立自信心，助力他们在成长道路上越走越远。其次，家长应与孩子保持经常性的沟通，共同面对他们在成长过程中遇到的困惑和烦恼。在沟通过程中，有效的倾听比情绪表达更重要。家长需要关注孩子的内心世界，了解他们的需求和困扰，让孩子感受到被家庭接纳和重视。通过真诚地倾听，家长可以更好地理解孩子，为他们提供实质性的帮助和建议。接下来，家长应善用聊天软件与孩子进行互动，分享彼此生活中的点滴。随着科技的发展，聊天软件成为人们日常生活中不可或缺的一部分。家长可以利用这一工具，与孩子保持紧密联系，了解他们的生活状态和心理动态。通过真诚分享，家长可以尝试理解年轻人的生活，融入他们的世界，为孩子的成长提供更多关爱和支持。最后，家长应协助孩子建立实体社交关系，培养他们的兴趣爱好，帮助他们摆脱网络沉迷，助力他们在阳光下健康成长。在孩子成长过程中，实体社交关系的重要性不言而喻。家长需要鼓励孩子参加各类社交活动，与他人建立良好的人际关系。同时，家长还需关注孩子的兴趣爱好，引导他们全面发展，避免沉迷于网络世界，确保他们在健康成长的道路上稳步前行。

总之，家长在教育孩子过程中应充分发挥自己的作用，给孩子具体的指导，与他们保持密切沟通，善用聊天软件互动，协助孩子建立实体社交关系。通过这些措施，家长能为孩子的成长提供有力支持，助力他们在未来的人生道路上取得优异成绩。

三、营造美好家庭氛围

在过去，我国的家庭教育往往偏向于严肃和紧张，家长对孩子的要求严格，甚至有时过于严厉。然而，随着社会的进步和教育理念的更新，越来越多的家长开始意识到，建立尊重和平等的亲子关系才是孩子健康成长的关键。首先，家长应学会平等真诚地与孩子交朋友。这意味着，家长需要放下身段，摒弃传统的权威角色，以朋友的姿态和孩子沟通交流。这样，孩子才会在面对问题时愿意和家长分享，也更容易在家庭中感受到温暖和关爱。其次，家长应了解孩子的业余时间和朋友。这不仅可以帮助家长更好地了解孩子的兴趣爱好，还能保持足够的信任和尊重，让孩子感受到自己的独立空间。在此基础上，家长可以适时给予孩子关心和建议，但切忌过度干涉。此外，家长在对待孩子的问题和话题时，要有边界感。这意味着，家长要学会在孩子的生活中保持适度原则，避免步步紧逼。这样，家庭氛围才会更加轻松愉悦，孩子也才能够在宽松的环境中自由成长。最后，家长应尊重孩子使用交友软件的头像、个性签名和朋友圈动态。这不仅有助于孩子建立自信心，还能引导他们享受高级快乐，开拓更广阔的领域来认知自己。在此过程中，家长要做好引导和陪伴，让孩子在网络世界中学会自我保护。

总之，随着时代的发展，我国的家庭教育观念也应与时俱进。家长要学会调整自己的角色定位，与孩子建立尊重平等的亲子关系，为他们提供一个宽松、和谐的成长环境。只有这样，孩子才能在快乐中成长，拥有更加美好的未来。

第四节　助力乡村振兴提升人才网络素养

乡村振兴战略坚持农业农村优先发展，目标是按照产业兴旺、生态宜居、乡风文明、治理有效、生活富裕的总要求，建立健全城乡融合发展体制机制和政策体系，加快推进农业农村现代化。按照中共十九大提出的决胜全面建成小康社会、分两个阶段实现第二个百年奋斗目标的战略安排，2017年中央农村工作会议明确了实施乡村振兴战略的目标任务：2020年，乡村振兴取得重要进展，制度框架和政策体系基本形成；2035年，乡村振兴取得决定性进展，农业农村现代化基本实现；2050年，乡村全面振兴，农业强、农村美、农民富全面实现。

一、助力乡村振兴人才需求

乡村振兴战略是决胜全面建成小康社会、开启全面建设社会主义现代化国家新征程的重要战略，是国家发展的必然要求。《中共中央国务院关于实施乡村振兴战略的意见》的正式出台标志着我国的乡村振兴战略的实施与推进，全面实现乡村振兴是我国未来的奋斗目标。千秋基业，人才为先。党和国家历来重视人才工作和人才培养，十九大报告指出"人才是实现民族振兴、赢得国际竞争主动的战略资源"。十九届五中全会审议通过的规划《建议》，作出深入实施人才强国战略、建成人才强国重大战略部署。2021年9月27日至28日，中央人才工作会议在北京召开，习近平总书记出席会议并发表重要讲话，他强调："当前，我国进入了全面建设社会主义现代化国家、向第二个百年奋斗目标进军的新征程，我们比历史上任何时期都更加接近实现中华民族伟大复兴的宏伟目标，也比历史上任何时期都更加渴求人才。实现我们的奋斗目标，高水平科技自立自强是关键。综合国力竞争说到底是人才竞争。人才是衡量一个国家综合国力的重要指标。国家发展靠人才，民族振兴靠人才。"这为未来我国人才工作的展开提供了基本遵循，也是对全党全社会加强人才培养工作的再动员，体现了对新时代中国特色社会主义现代化建设支持体系的战略考量，意义重大深远。可见，新时代建设社会主义现代化强国的征程中，人才是第一资源。如今我们比历史上任何时期都更有条件、更有能力吸引和培养高素质人才队伍。

在实施乡村战略规划背景下，亟须重点培养以创新人才、综合性复合人才和科技推广人才为主的农业农村人才体系，提高农业综合生产能力，推进农业信息化，建立并完善农业科技支撑和社会化服务体系，提高服务水平以及农业科技自主创新能力，以面对当前经济发展和现代农业发展的新形势、新任务、新需求。故探索如何以推进乡村振兴战略和促进现代农业发展需求为导向，有效发挥新型人才队伍在实施乡村振兴发展战略中的重要作用，推进乡村振兴发展步伐，具有特定的研究意义。

二、提升人才网络素养服务乡村振兴

新时代的大学生是乡村振兴的主力军，随着乡村振兴战略的推进，培养具备网络素养的大学生对于乡村振兴具有重要意义。加强对大学生的网络素养教育，提高大学生对网络素养的重要性和应用价值的认识，激发其对网络技术和应用的兴趣和热情。通过开设相关课程和实践项目，培养大学生掌握网络技术的基本知识和操作能力，提高其在乡村振兴中应用网络技术解决实际问题的能力。鼓励大学生参与乡村振兴项目，通过网络技术创新解决乡村发展中的问题，培养其创新精神和实践能力。加强对大学生的网络安全教育，提高其识别网络威胁和防范网络攻击的能力，保护个人和乡村信息安全。鼓励大学生参与乡村网络基础设施建设和数字农业等领域的创新创业，推动乡村网络发展与乡村振兴相结合。提供更多的实践机会，如实地调研、实习和社会实践活动，让大学生深入乡村，理解农村发展需求，提升其为乡村振兴提供网络支持和服务的能力。建立大学生与乡村之间的联系桥梁，如搭建线上线下交流平台，组织交流活动等，促进大学生与乡村的互动与合作。

通过以上策略的研究和实施，可以提高大学生网络素养与乡村振兴背景下人才培养的效果，培养出具备网络技术和创新能力的大学生，为乡村振兴提供网络支持和人才支持，推动乡村经济社会的可持续发展。

第五节　发挥大学生自身的主观能动性

苏霍姆林斯基是一位著名的教育家，他的教育理念强调自我教育的重要性。他认为，只有通过自我教育，人们才能实现真正的成长和提升。在我国，大学生作为即将步入社会的群体，需要掌握自我教育的方法，以便在今后的生活和工作中更好地实现自身价值。大学生应在此基础上，努力提升自己的自我反省、定时复盘、控制力量等能力，实现真正的成长和提升。只有这样，才能在今后的生活和工作中更好地发挥自己的价值，为社会作出贡献。

一、学习网络素养教育理论培养自律自控意识

（一）实行游戏分级制度

随着社会的发展和科技的进步，游戏已经成为人们生活中不可或缺的一部分。然而，游戏对于青少年的影响，尤其是心理健康方面的影响，引起了广泛的关注。我国近期发布的《游戏适龄提示草案》就着重关注了这一问题，体现了对青少年身心健康全面关注的重视。草案的第二点，着重强调了游戏对心理健康的影响，尤其是对大学生的心理健康。尽管大学生在年龄上已经超过了禁止使用恐怖血腥场景的限制，但是他们仍然需要在心理健康的角度受到管控和关注。这表明草案制定者深入理解到，游戏不仅仅是一种娱乐方式，更是对青少年心理健康产生深远影响的一种社会现象。因此，草案对此类游戏内容进行了严格的管控和规范，以保护大学生的心理健康。另一方面，草案的发布实施，也标志着我国游戏产业开始走向规范化和精细化管理。这不仅体现了我国对游戏产业的重视，更显示出我国对于文化娱乐产业的监管趋于严格，以保障广大青少年的身心健康。这种规范化和精细化的管理，有助于提升游戏产业的整体水平，同时也有利于保护青少年免受不良游戏内容的影响。

此外，《游戏适龄提示草案》的实施也是主流媒体和机构承担社会责任的重要体现。他们从无到有，从一个概念变成了具体的实施草案，付出了巨大的努力，体现了他们对青少年健康成长的关心和责任。这种社会责任的承担，有助于提升社会对青少年健康成长的关注，也为其他企业和社会机构树立了榜样。最后，草案的发布有助于引导公众正确看待游戏。游戏不仅仅是一种娱乐方式，更是一种文化现象。通过对游戏进行分级管理，可以引导公众更好地理解和接纳游戏，同时也可以引导游戏开发者更加注重游戏的内容质量和社会影响。这种引导，有助于营造一个健康、和

谐的游戏环境，让游戏成为促进社会进步的正能量。

（二）看直播和短视频把握适度原则

随着时代的发展，互联网成了人们生活中不可或缺的一部分，尤其是对于大学生这个群体来说，观看直播和短视频已经成为他们缓解学业压力和生活焦虑的一种方式。然而，任何事情都需要把握适度原则，否则就会产生消极影响。首先，我们不得不承认，直播和短视频平台上的内容良莠不齐，过于沉迷于这些平台，会让大学生接触到大量浅薄的信息资源，这些信息资源有可能腐蚀他们的精神灵魂。正如一句古话所说"书中自有黄金屋"，阅读可以让人的心灵得到升华，而过度依赖直播和短视频，则可能导致大学生失去对深度阅读的兴趣，进而影响他们的学业成绩和个人发展。其次，大学生作为未来建设祖国的中坚力量和智力支持，他们的责任重大。观看直播和短视频并非完全负面，但如果沉迷其中，必然会耽误学业，影响他们的未来发展。大学生应当具备较高的信息素养，学会筛选对自己有益的信息，而不是沉溺于浅薄的视频内容。此外，大学生应成为后辈拼搏向上、欣赏学习的榜样。他们的言行举止、兴趣爱好都会对周围的人产生影响。如果大学生自己都无法抵制直播和短视频的诱惑，如何让后辈尊重他们、向他们学习呢？为了避免这些负面影响，大学生应当养成良好的生活习惯，合理安排时间，适度观看直播和短视频，同时注重培养自己的兴趣爱好和实际能力。在学习之余，可以适当观看一些有教育意义的直播和短视频，以丰富自己的业余生活，但不能让这些内容占据他们大部分的精力。

（三）引导青年人关注社会热点问题

优良的影视作品和综艺节目对于青年学生的成长具有极大的促进作用。在娱乐中，它们不仅能够提供轻松愉快的氛围，更能以生动的方式传授知识，引导青年人关注社会热点问题，摒弃冷漠看客心态。

首先，优秀的影视作品和综艺节目具有强烈的现实指向性。它们将社会热点问题带入观众的视野，以真实、生动的方式呈现出来，使青年人在享受娱乐的同时，能够了解到社会现实，关注社会问题。这样的作品帮助青年人摒弃冷漠看客心态，激发他们积极参与社会事务的热情。其次，这些作品能促使青年人深入探究话题背后真正的社会意义和价值。在观看影视作品和综艺节目过程中，青年人会对某一主题产生兴趣，进而主动去了解、研究相关话题。这种自主探究的过程使青年人逐渐形成独立思考的能力，认识到社会现象背后的真实意义和价值。再者，影视作品和综艺节目能教会青年人如何正确处理和解决社会问题。在节目中，观众可以看到各种问题的出现和解决，这为他们处理现实生活中的类似问题提供了借鉴。获取和吸纳信息观点的新奇程度不再是关键，如何正确处理和解决信息成为网络素养进步的重要方式之一。

（四）树立网络公德意识

随着互联网的普及，网络已经成为人们日常生活中不可或缺的一部分。对于大学生这个群体来说，网络的影响更是深远。他们在面临重大危机时，容易受到不良舆论的影响。这就需要在未知事件全貌前，他们能够保持公正、理性地判断，避免偏激言论。网络公德意识对大学生的日常网络行为具有约束作用。这种意识有助于他们建立自律意识，也代表了网络文明程度的高低。在我国，加强网络素养教育，提高网络公德意识，已经成为一项重要任务。大学生作为网络的使用者，更需要认识到网络公德的重要性，用自律的行为为网络空间的净化贡献力量。大学生需要在健康的网络空间中选择适当的生存方式。这不仅包括遵守网络规则，尊重他人，还要求他们能够抵御网络的负面影响。只有这样，他们才能在网络世界中茁壮成长，为自己的未来铺设一条坚实的道路。在这个过程中，自我控制是大学生需要掌握的重要行为表现形式。在面对网络的诱惑时，能否做到自我控制，将对他们的一生产生深远影响。自我控制不仅可以帮助他们更好地应对网络环境，也有利于他们在现实生活中取得成功。总的来说，大学生在面对网络的影响时，需要保持公正、理性的判断，提高网络公德意识，选择健康的网络生存方式，并学会自我控制。这一切都是为了他们在网络环境中能够更好地成长，也为未来的生活打下坚实的基础。从这个角度看，大学生在网络世界中的表现，无疑是对他们未来生活的提前预测。

二、学习网络法治教育理论增强网络安全意识

2015年，我国公众对音乐付费、影院盗摄等现象持质疑态度。在当时，多数学生尚未意识到盗版的普遍存在，而是心安理得地享受着免费的福利。然而，这种看似无害的行为，实际上是对知识产权的漠视，对创作者劳动成果的不尊重。然而，国家版权局的查处行动让公众开始意识到，为一个知识和创作提供物质支持的时代已经来临。人们开始认识到，为创作者付费，实际上是推动我国经济增长的新动能。这是一种对知识产权的尊重，也是对创新和创作的鼓励。如今，随着互联网的发展，短视频内容创作成为许多博主和发布者的难题。在这个领域，优质的内容输出需要具备查阅、借鉴、总结等能力。每一个作品文案都是个人或团队智慧结晶，都需要不断逃离舒适圈，创新求变，才能抓住用户的眼球。然而，仍有一部分人抱有"伸手党"的心态，无视知识产权，随意搬运他人的成果。这种行为不仅损害了创作者的权益，也阻碍了我国文化创意产业的发展。在此，我们呼吁广大大学生承担起责任，提升自身的版权保护意识，尊重每一个创意，保护每一个创新。大学生作为社会的未来，更应该认识到知识产权的重要性，尊重和保护创新。只有这样，我们才能营造一个公平、健康的创新环境，让更多的创意火花得以迸发，推动我国文化创意产业的发展。

　　随着互联网的普及，人们的生活越来越离不开网络。尤其是在校大学生，他们作为网络活跃群体，更应注重自身言行，维护网络空间的和谐。下面四个关键点，旨在提醒大学生在网络世界中如何规范自身行为，维护自身和群体的利益。首先，群聊管理员应承担起监督责任。作为群聊的管理者，他们有义务对发布人身份进行辨别验证，防止非法言论在群内传播。这不仅是对群体成员的负责，也是维护网络环境健康的必要手段。管理员应当加强对群聊内容的审核，一经发现有害信息，应立即采取措施予以清除，确保群聊内的言论合法合规。其次，大学生在网络中应谨言慎行。在虚拟世界中，同样要遵守社会公德，避免使用粗鄙低俗的语言进行人身攻击。网络不是法外之地，任何违反法律法规的行为都将受到制裁。大学生应认识到，网络暴力、侮辱他人等行为可能触犯刑法，给自己和他人带来不必要的麻烦。因此，文明上网，尊重他人，是每个大学生应有的网络素养。再次，大学生应提高防范网络诈骗的意识。网络诈骗手段翻新迅速，防范网络诈骗，不仅要提高自己的信息安全意识，还需时刻关注网络安全动态。同时，大学生应避免利用网络进行非法敛财，自觉遵守道德标准和网络安全法。只有这样，才能确保自己在网络世界的合法权益不受侵害。最后，网络教育阵地不仅限于学校和家庭，大学生应知法懂法并守法。这意味着，无论在现实世界还是网络空间，大学生都应遵守法律法规，不做社会边缘人。法治社会下，法律是规范社会行为的底线，大学生作为国家未来的栋梁，更应树立正确的法治观念，自觉维护网络法治秩序。

　　总之，大学生作为网络时代的见证者和参与者，在享受网络带来的便捷的同时，应时刻注意自身言行，维护网络空间的和谐。群聊管理员要履行监督责任，大学生要谨言慎行，防范网络诈骗，知法懂法并守法。只有这样，我们才能共同构建一个健康、文明、和谐的网络环境。

三、学习心理健康教育理论提高心理适应能力

（一）关注大学生心理健康，构建温馨成长环境

在当今社会，大学生面临着来自学业、就业、家庭等多方面的压力，因此，积极加强心理健康和心理素质建设显得尤为重要。心理健康不仅关乎个人的成长，还影响到校园和谐稳定。为此，大学生应主动参与团体治疗和个人解压活动，以保持心态平和，关注个人成长和学习工作。高校作为培养人才的摇篮，有责任为学生营造一个良好温馨的环境。这个环境应接纳和理解学生的迷失，让他们在面对困惑时能够得到关爱和支持。高校可以设立心理咨询中心，定期开展心理健康讲座和培训，提高学生的心理素质。同时，鼓励学生参与团体活动，增进同学间的友谊与信任，以便在遇到问题时相互扶持，共同成长。在高校内，还需有人文关怀和热情关注，以关爱学生的心理健康。教师和辅导员要关注学生的心理需求，与他们建立良好的沟通，及时发现和解决心理问题。此外，高校还可以通过举办丰富多彩的文化活动，提高学生的心理健康水平，使他们在忙碌的学习生活中得到放松和调整。

（二）提高大学生的防范意识

随着我国物质生活的极大丰富，大学生们正在享受着前所未有的便利和信息资源。这一切只需动动手指，足不出户就能实现。然而，正是这种方便的网络环境，也让一些网络诈骗有了可乘之机。在网络交友平台上，大学生们需警惕"杀猪盘"等网络诈骗。这类诈骗往往会根据用户的需求和信息，量身定做诈骗方案。他们利用花言巧语，让人放松警惕，进而一步步陷入诈骗的陷阱。值得注意的是，无论是欺骗感情，还是损失声誉，网络诈骗的最终目的都是获得信任并骗光受害人的财产。因此，大学生们

在网络交友时，一定要保持警惕，避免个人信息泄露，防止自己成为网络诈骗的受害者。遇到任何难以解决的问题，大学生要保持冷静，不要轻易相信陌生人，更要第一时间报警。报警是保护自己权益的最有效手段，也是对网络诈骗最有力的打击。此外，大学生要相信政府、相信祖国。在我国，政府对网络诈骗始终保持严打态势，各类网络诈骗犯罪活动得到了有效遏制。同时，大学生需要培养自己强大的内心，面对困难和挫折，不做出格或伤害自己的事情。在这个信息爆炸的时代，网络诈骗无孔不入。大学生们要时刻保持警惕，提高防范意识，保护好自己和身边的人。让我们共同携手，为创建一个安全、健康的网络环境而努力。

（三）提升自我管理和自我监督能力

随着互联网的普及，越来越多的人，特别是大学生，沉迷于网络世界。然而，现实与网络的差距往往容易导致大学生产生心理危机或心理障碍。如何在这个问题上找到平衡，成为当下大学生面临的一个重要课题。首先，大学生需要调整好个人心态。在面对现实与网络的差距时，要学会以积极的心态去应对。关注当下的小事，减轻心理压力，避免过度依赖网络游戏、追剧、刷抖音等。这些都是导致心理压力增大，进而产生心理危机的重要原因。其次，大学阶段是自我意识觉醒的黄金时期。在这个阶段，提升网络自控力、关注自我发展是人生重点课题。只有把握好这个阶段，才能为未来的发展奠定坚实的基础。在此基础上，大学生还需要树立合理可行的长期和短期目标。从实际出发，控制网络娱乐时长，减少对网络的过度依赖。合理善用网络资源，关注身边的人和事，敞开心扉交流想法。这样既能充分利用网络优势，又能避免其带来的负面影响。最后，积极参与社会实践活动和校园学习生活。通过实践，提升自我管理和自我监督能力，从而更好地面对现实与网络的差距。同时，积极参与校园活动，与他人建立良好的人际关系，有助于增强心理素质，应对各种挑战。

结　语

　　随着新时代的到来，我国网络发展步入了全新的阶段。在这个背景下，大学生作为网络的主要使用者，其网络素养的高低直接影响着整体网民的网络素养水平，乃至影响着网络强国建设的进程。因此，对大学生网络素养的培育显得尤为重要，它不仅关乎个人的成长，更关乎国家的未来。

　　本书的目的，就是针对大学生网络素养的培育进行深入研究，探索出一条既能满足时代发展需求，又能适应网络发展速度的培育路径，以期实现我国新时代的思想政治教育工作任务，培育优秀人才。然而，当前大学生网络素养的培育还存在一些问题，如环境不完善、缺乏系统培育、认知不全面等。这些问题不仅影响了大学生网络素养的提升，也对我国网络环境的健康发展构成了威胁。为了解决这些问题，我们提出以下建议：首先，政府及社会应共同努力，营造良好的网络文化氛围。这包括加强网络立法和监管机制，规范网络行为，保护公民的网络权益。同时，还需健全培育保障体系，为大学生网络素养的培育提供有力的制度保障。其次，高校作为大学生网络素养培育的主阵地，应完善课程体系，将网络素养教育纳入必修课程，确保大学生系统地接受网络素养教育。同时，加强师资队伍建设，提升教师网络素养教育的能力和水平。此外，丰富教育方式，如开展实践活动、举办专题讲座等，以提升大学生的网络素养。再次，构建有效的反馈机制，及时了解和解决大学生网络素养培育中的问题。最后，大学生自身也应加强自我完善，开展自我教育，提高自我约束能力。在日常生活中，要自觉遵守网络法律法规，积极参与良性网络生态的建设，承担起建设网络强国的责任。

总之，大学生网络素养的培育是一项系统工程，需要政府、高校、社会和大学生自身的共同努力。我们期待通过本书的研究，为我国大学生人才素养的培育提供有益的理论和实践启示，助力乡村振兴和网络强国建设。

参考文献

[1]习近平.习近平关于网络强国论述摘编[M].北京:中央文献出版社,2021.

[2]习近平.习近平关于社会主义文化建设论述摘编[M].北京:中央文献出版社,2017.

[3]习近平.习近平谈治国理政[M].北京:外文出版社,2014.

[4]中华人民共和国民法典[M].北京:中国法制出版社,2020.

[5]新时代公民道德建设实施纲要[M].北京:人民出版社,2019.

[6]马克思恩格斯全集:第1卷[M].北京:人民出版社,1995.

[7]中国互联网络信息中心.第49次中国互联网络发展状况统计报告[R].2021.

[8]陈万柏,张耀灿.思想政治教育学原理[M].北京:高等教育出版社,2007.

[9][美]霍华德·莱茵戈德.网络素养:数字公民、集体智慧和联网的力量[M].张子凌,老卡,译.北京:电子工业出版社,2013.

[10][美]斯坦利·巴兰,丹尼斯·戴维斯.大众传播理论:基础、争鸣与未来[M].曹书乐,译.北京:清华大学出版社,2014.

[11]曹荣瑞.大学生网络素养培育研究[M].上海:上海交通大学出版社,2013.

[12]马克思恩格斯全集:第42卷[M].北京:人民出版社,1979.

[13][德]黑格尔.法哲学原理[M].范扬,张企泰,译.北京:商务印书馆,1961.

[14]中共中央党史和文献研究院.十八大以来重要文献选编:下册[M].北京:中央文献出版社,2018.

[15]中共中央文献研究室.习近平关于实现中华民族伟大复兴的中国梦论述摘编[M].北京:中央文献出版社,2013.

[16]中共中央文献研究室.习近平关于青少年和共青团工作论述摘编

[M].北京:中央文献出版社,2017.

[17]中共中央文献研究室.习近平关于社会主义文化建设论述摘编[M].北京:中央文献出版社,2017.

[18]教育部思想政治工作司.加强和改进大学生思想政治教育重要文献选编:1978—2014[M].北京:知识产权出版社,2015.

[19]李林英.新媒体环境下高校思想政治教育教学研究[M].北京:人民出版社,2014.

[20]曹荣瑞.大学生网络素养培育研究[M].上海:上海交通大学出版社,2013.

[21]郑洁.网络媒体传播社会主义核心价值观研究[M].北京:中国社会科学出版社,2012.

[22]张开.媒介素养概论[M].北京:中国传媒大学出版社,2006.

[23]陈晨.青少年网络伤害研究报告[M].北京:中国人民公安大学出版社,2010.

[24]蒋智华.网络素养教育与大学生成长研究[M].北京:现代出版社,2016.

[25]王天民.大学生思想政治教育创新研究[M].北京:北京师范大学出版社,2013.

[26]翁菊梅.大学生信息素养[M].华南理工大学出版社,2011.

[27]李志河.大学生信息素养教育[M].北京:清华大学出版社,2010.

[28]王吉庆.信息素养论[M].上海:上海教育出版社,1999.

[29]杨鹏.网络文化与青年[M].北京:清华大学出版社,2006.

[30]李宝敏.互联网+时代青少年网络素养发展[M].上海:华东师范大学出版社,2018.

[31]陆晔.媒介素养:理念、认知、参与[M].北京:经济科学出版社,2010.

[32][美]曼纽尔·卡斯特.网络社会的崛起[M].夏铸九,等,译.北京:社会科学文献出版社,2001.

[33][美]柯尔伯格.道德教育的哲学[M].魏贤超,译.杭州:浙江教育出版社,2000.

[34][德]汉斯·格奥尔格·伽达默尔.真理与方法Ⅱ[M].洪汉鼎,译.北京:商务印书馆,2007.

[35][美]洛厄里,德弗勒.大众传播效果研究的里程碑[M].北京:中国人民大学出版社,2004.

[36][美]马尔库塞.单向度的人:发达工业社会意识形态研究[M].刘继,译.上海:上海译文出版社,2014.

[37][美]尼尔波兹曼.娱乐至死[M].桂林:广西师范大学出版社,2009.

[38][美]尼葛洛庞帝.数字化生存[M].海口:海南出版社,2004.

[39]邱柏生.思想政治教育学新论[M].上海:复旦大学出版社,2012.

[40][法]让·波得里亚.消费社会[M].江苏:南京大学出版社,2001.

[41]沈壮海.思想政治教育有效性研究[M].武汉:武汉大学出版社,2016.

[42]宋元林.网络思想政治教育[M].北京:人民大学出版社,2012.

[43]宋振超.信息化视阈下高校思想政治教育有效性研究[M].北京:中国书籍出版社,2015.

[44]谭仁杰.网络时代的高校思想政治教育[M].武汉:武汉大学出版社,2014.

[45]王嘉.网络意见领袖研究:基于思想政治教育视域[M].北京:中国文史出版社,2014.

[46]王荣发.网上德育:大学生网络思想政治教育的思考与实践[M].上海:华东理工大学出版社,2009.

[47]王爽.新媒体时代大学生思想政治教育的挑战与创新[M].北京:中国言实出版社,2014.

[48]吴明隆.SPSS统计应用实务[M].北京:中国铁道出版社,2000.

[49]吴明隆.问卷统计分析实务:SPSS操作与应用[M].重庆:重庆大学出版

社,2010.

[50]吴潜涛.高校思想政治教育的理论与实践[M]. 北京:中国人民大学出版社,2012.

[51]徐锋.新中国大学生思想政治教育研究[M].北京:人民出版社,2013.

[52]徐志远.现代思想政治教育学范畴研究[M]. 北京:人民出版社,2009.

[53][美]约翰·汤普森.意识形态与现代文化[M].高铦,译.南京:译林出版社,2005.

[54]张雷.传播理论与大学生思想政治教育有效接受研究[M].杭州:浙江大学出版社,2015.

[55]张耀灿,郑永廷,吴潜涛,等.现代思想政治教育学[M]. 北京:人民出版社,2007.

[56]张瑜,等.高校网络思想政治教育发展与创新研究[M].北京:人民出版社,2014.

[57]张再兴,等.网络思想政治教育研究[M]. 北京:经济科学出版社,2009.

[58]吴江.为高质量发展提供高素质人才[N].光明日报,2021-03-09.

[59]赵心钰.辽宁乡村人才振兴的困境与创新对策研究 [J].农村农业农民(B版),2020(7).

[60]杨佳斯.学习讲话精神,助推辽宁振兴:学习贯彻习近平在深入推进东北振兴座谈会上的重要讲话精神 [J]. 辽宁工程技术大学学报(社会科学版),2020,22(1).

[61] 唐未兵,温辉,彭建平."产教融合"理念下的协同育人机制建设[J].中国高等教育,2018(8).

[62]赵秀玲.乡村振兴下的人才发展战略构想[J].江汉论坛, 2018(4).

[63]李金祥.依靠科技与人才驱动乡村振兴[N].中国科技人才;2018-08-24.

[64]钟钰,李思经.农业科技对乡村振兴的作用是这样[N].农民日报,2018-06-03.

后 记

大学生是社会主义现代化的建设者和接班人，在面对科技创新变革和社会文化日益多元化的新形势下，其综合素养培育尤为重要。

《大学生网络素养培育研究》一书是作者多年来从事马克思主义理论和思想政治教育教学与实践工作日积月累的成果，是作者基于2021年辽宁省社会科学规划基金项目"乡村振兴背景下辽宁人才培养策略研究（编号L21BGL041）"的基础上完成的一部关于大学生人才培育研究的专著，书中阐释了培养具备网络素养和创新能力的大学生人才，为乡村振兴提供网络支持和人才支持，得到了辽宁省社会科学规划基金办公室资助。

作者在撰写本书时，查阅了大量的文献资料，深入实际了解情况，在资料运用上，认真推敲，尽量准确、专业。但由于理论水平有限，错误和疏漏也在所难免，恳请各位读者朋友不吝斧正。

作　者